彩图 1　三粉驴

彩图 2　乌头驴

彩图 3　简陋的饮水设施

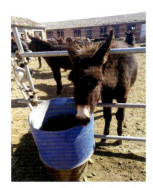

彩图 4　简陋的采食设备

彩图 5　开放式驴舍

彩图 6　单排封闭驴舍

彩图 7　双排封闭驴舍

彩图 8　塑料暖棚驴舍

彩图 9　种公驴舍

彩图 10　移动装卸台

彩图 11　假台驴

彩图 12　牧草的田间晾晒风干

彩图 13　青贮切割机切短

彩图 14　青贮装填压实

彩图 15　青贮封窖

彩图 16　拉伸膜裹包青贮

彩图 17　大量排尿的肉驴导致
地面积存大量尿液

彩图 18　肉驴患疥癣

彩图 19　驴驹关节肿大、站立困难

彩图 20　多功能保温式水槽

彩图 21　合作社屠宰场

{ 专家帮你提高效益 }

怎样提高肉驴养殖效益

主　编　白朋勋　韩　静
副主编　朱　琪　陈龙宾
参　编　王丽学　范　寰　郑成江
　　　　李海花　张　健　冯　婧
　　　　夏树立

机械工业出版社

本书在剖析肉驴养殖场、养殖户的认识误区和生产中存在问题的基础上，就如何提高肉驴养殖效益进行了全面阐述，主要包括了解肉驴养殖项目优势、做好肉驴养殖场建设、科学选种引种、做好种驴饲养、科学使用饲料、加强饲养管理、做好防疫灭病及养殖典型实例。内容通俗易懂，技术先进实用，针对性和可操作性强。另外，本书设有"提示""注意""小经验""案例"等小栏目，并附有图片和视频，可以帮助读者更好地掌握肉驴养殖技术。

本书可供广大肉驴养殖户和相关技术人员使用，也可供农林院校相关专业的师生参考阅读。

图书在版编目（CIP）数据

怎样提高肉驴养殖效益/白朋勋，韩静主编. —北京：机械工业出版社，2024.7
（专家帮你提高效益）
ISBN 978-7-111-75824-2

Ⅰ.①怎… Ⅱ.①白… ②韩… Ⅲ.①肉用型-驴-饲养管理 Ⅳ.①S822

中国国家版本馆 CIP 数据核字（2024）第 097962 号

机械工业出版社（北京市百万庄大街22号　邮政编码100037）
策划编辑：高　伟　周晓伟　　责任编辑：高　伟　周晓伟　王　荣
责任校对：肖　琳　张　薇　　责任印制：单爱军
保定市中画美凯印刷有限公司印刷
2024年7月第1版第1次印刷
145mm×210mm・6印张・2插页・187千字
标准书号：ISBN 978-7-111-75824-2
定价：35.00元

电话服务　　　　　　　　　　网络服务
客服电话：010-88361066　　　机　工　官　网：www.cmpbook.com
　　　　　010-88379833　　　机　工　官　博：weibo.com/cmp1952
　　　　　010-68326294　　　金　书　网：www.golden-book.com
封底无防伪标均为盗版　　　　机工教育服务网：www.cmpedu.com

前言 / PREFACE

随着畜牧业产业结构的调整,我国的养驴业已经从传统的以提供农业辅助劳动力为主转化为以提供驴肉、驴皮、驴奶等产品为主的产业化养殖。农民家庭养殖、专业合作社养殖、大规模企业化养殖都得到迅猛发展,在满足消费需求、促进农民致富和繁荣市场经济方面发挥了重要作用。相比于猪、马、牛、羊等畜种养殖,产业化的肉驴养殖起步晚、基础差,一些其他畜种养殖过程中广泛应用的现代畜牧兽医技术还未在肉驴养殖中发挥作用。特别是近年来,驴肉、驴皮、驴奶等驴相关产品功能被过分夸大,再加上肉驴养殖风险低、利润大的宣传引导,吸引了更多社会力量投入肉驴养殖行业。一些准备不足的养殖者由于思想意识、技术水平、资金投入等原因在肉驴养殖过程中存在许多误区,影响了肉驴养殖利润的提高。

本书编写人员承担了天津市肉驴产业相关科研项目和天津市困难村帮扶工作,在项目执行和困难村帮扶过程中,发现了不少肉驴养殖中存在的共性问题,了解到养殖户的实际需求。为了解决肉驴养殖中的常见问题,本书从养殖基础、肉驴养殖场建设、繁育配种、饲料营养、日常管理、疾病防控几个方面进行了总结和探讨,以期能在进一步提高肉驴养殖利润方面给广大养殖者提供帮助。

需要特别说明的是,本书所用药物及其使用剂量仅供读者参考,不可照搬。在生产实际中,所用药物学名、常用名和实际商品名称有

差异，药物浓度也有所不同，建议读者在使用每一种药物之前，参阅厂家提供的产品说明以确认药物用量、用药方法、用药时间及禁忌等。购买兽药时，执业兽医有责任根据经验和对患病动物的了解决定用药量及选择最佳治疗方案。

由于编者专业知识和理论水平的限制，疏漏和不足之处在所难免，请各位专家学者和经验丰富的养殖者给予批评指正。

编　者

目 录 / CONTENTS

前言

第一章 了解肉驴养殖项目优势 向品种要效益 ………… 1

第一节 肉驴养殖决策中的误区 ………… 1
一、肉驴养殖规模的误区 ………… 1
二、生产管理的误区 ………… 2
三、对肉驴养殖发展风险认识的误区 ………… 2

第二节 了解我国肉驴养殖现状及前景 ………… 3
一、我国肉驴养殖现状 ………… 3
二、我国肉驴产业的发展趋势 ………… 5
三、我国肉驴养殖业的市场效益及前景 ………… 7

第三节 掌握驴的生物学特性 ………… 7
一、驴的外貌特征 ………… 7
二、驴的性情特征 ………… 8
三、驴的繁殖性能 ………… 8
四、驴的生活习性 ………… 8
五、驴的消化生理特点 ………… 9
六、驴独特的生物学价值 ………… 9

第四节 清楚驴的品种分类 ·· 10
    一、大型肉用驴种 ·· 10
    二、中型肉用驴种 ·· 12
    三、小型肉用驴种 ·· 14

第二章 做好肉驴养殖场建设 向环境要效益 ········ 16

第一节 肉驴养殖场建设中的误区 ···························· 16
    一、场址选择的误区 ·· 16
    二、场区布局的误区 ·· 20
    三、肉驴养殖舍建设的误区 ································ 20
第二节 建好肉驴养殖场的主要途径 ························ 22
    一、科学选择场址 ·· 22
    二、合理设计养殖场面积 ···································· 23
    三、合理规划养殖场布局 ···································· 24
    四、保护好养殖场的场区环境和按要求建设驴舍 ···· 25
    五、不同类型肉驴舍的建设要求 ························ 30
    六、配备必要的设备和用具 ································ 33

第三章 科学选种引种 向优良驴种要效益 ············ 42

第一节 引种与留种的误区 ······································ 42
    一、对品种的概念不清楚 ···································· 42
    二、为了省钱购买体重小的种驴 ························ 43
    三、留种误区 ·· 45
第二节 提高良种效益的主要途径 ···························· 46
    一、正确了解肉用种驴的分类 ···························· 46
    二、做好种公驴的引种工作 ································ 46
    三、做好种驴的调运工作 ···································· 47

第四章 做好种驴饲养 向繁殖要效益 ···················· 50

第一节 种驴管理与利用的误区 ······························ 50
    一、种公驴的饲养管理误区 ································ 50

二、繁殖母驴的饲养管理误区 …………………………………… 51
第二节　**提高种公驴配种效果的主要途径** …………………………… **51**
　　一、做好种公驴的饲养 …………………………………………… 51
　　二、做好种公驴的管理 …………………………………………… 52
　　三、采用人工授精技术 …………………………………………… 53
第三节　**提高繁殖母驴繁殖效果的主要途径** ………………………… **54**
　　一、适时配种 ……………………………………………………… 54
　　二、提高繁殖能力 ………………………………………………… 54
　　三、安全接产与分娩异常处理 …………………………………… 56
　　四、做好哺乳母驴的饲养管理 …………………………………… 57
第四节　**肉驴杂交利用的主要途径** …………………………………… **58**
　　一、驴常用的杂交方式 …………………………………………… 58
　　二、专门化品系杂交 ……………………………………………… 59

第五章　科学使用饲料　向成本要效益 …………… 60

第一节　肉驴饲料使用的误区 …………………………………………… **60**
　　一、不考虑驴的消化特点和驴对饲料的利用特性 ……………… 60
　　二、饲料配方不能满足驴的营养需要 …………………………… 60
　　三、饲料质量不合格 ……………………………………………… 61
　　四、添加剂使用不规范 …………………………………………… 61
第二节　**提高饲料使用率的基本途径** ………………………………… **62**
　　一、熟练掌握肉驴的营养需要 …………………………………… 62
　　二、正确了解肉驴常用的饲料及添加剂 ………………………… 65
　　三、熟练掌握肉驴饲料品质的鉴定方法 ………………………… 83
　　四、正确了解饲料卫生标准及饲料添加剂安全使用规范 ……… 90
　　五、做好肉驴饲料贮存使用工作 ………………………………… 90
第三节　**科学搭配肉驴日粮组成** ……………………………………… **92**
　　一、驴的日粮配合原则 …………………………………………… 92
　　二、日粮配合的步骤 ……………………………………………… 93
　　三、常用精补料配方 ……………………………………………… 93
第四节　**防控新购肉驴应激反应的饲料调整实例** …………………… **96**

第六章 加强饲养管理 向品质要效益 ········· 98

第一节 饲养管理中的误区 ········· **98**
一、不同用途、不同日龄的驴混圈饲养 ········· 98
二、没有科学合理的饲养管理程序 ········· 98
三、饲喂人员专业知识缺乏 ········· 98

第二节 提高驴驹成活率的主要途径 ········· **99**
一、提高新生驴驹成活率的方法 ········· 99
二、做好驴驹的培育工作 ········· 101

第三节 提高青年驴生长速度的主要途径 ········· **106**
一、掌握一般饲养原则 ········· 106
二、做好日常管理工作 ········· 106
三、做好疾病防治工作 ········· 107

第四节 养好种公驴的方法 ········· **107**
一、满足种公驴的营养需要 ········· 108
二、加强运动,防止过肥 ········· 108
三、合理配种 ········· 108
四、调教好青年种公驴 ········· 109

第五节 养好母驴的方法 ········· **110**
一、做好空怀母驴的饲养工作 ········· 110
二、做好妊娠母驴的饲养工作 ········· 110
三、做好围产期母驴的饲养工作 ········· 111
四、做好预防难产的工作 ········· 113
五、做好哺乳母驴的饲养工作 ········· 113

第六节 提高育肥效果的主要途径 ········· **114**
一、分析影响育肥效果的因素 ········· 114
二、清楚肉驴育肥的概念 ········· 115
三、掌握肉驴的育肥方式 ········· 116
四、掌握肉驴育肥的一般原则 ········· 117
五、做好日常管理工作 ········· 119
六、掌握不同年龄肉驴的育肥方式 ········· 120

第七章　做好防疫灭病　向健康要效益 …………………… **122**

第一节　防疫和疾病防治中的误区 …………………………… **122**
一、思想意识的误区 …………………………………………122
二、防疫消毒的误区 …………………………………………123
三、疾病防治中的误区 ………………………………………125

第二节　做好防疫消毒工作的主要措施 ……………………… **126**
一、掌握常用的消毒方法 ……………………………………126
二、了解消毒剂种类和常用消毒剂 ………………………… 128
三、正确处理病死驴及废弃物 ……………………………… 134

第三节　肉驴常见病防治技术 ………………………………… **136**
一、肉驴疾病诊断技术 ………………………………………136
二、肉驴疾病治疗技术 ……………………………………… 138
三、常见的肉驴疾病 ………………………………………… 142

第四节　疾病防控实例 ………………………………………… **172**

第八章　养殖典型实例 ………………………………… 174
一、典型实例一 ……………………………………………… 174
二、典型实例二 ……………………………………………… 178

参考文献 ……………………………………………………… 180

第一章
了解肉驴养殖项目优势 向品种要效益

第一节 肉驴养殖决策中的误区

目前我国肉驴养殖业得到长足发展，农户家庭养殖已经从传统的一户饲养一头到几头发展为几十头到数百头，农民专业合作社及规模不一的各类经营主体业务范围涵盖肉驴繁育、养殖、饲草饲料、产品加工、交易销售、餐饮、旅游观光等多个领域。近年来，驴价持续走高，进一步吸引了大量社会力量和社会资金进入肉驴行业，一些新进入的经营者没有充分的准备，只是受市场高价的驱动而从其他行业转投而来，自身对肉驴养殖的认知几乎是空白，在经营决策中就出现了许多问题，影响了经营效益。

一、肉驴养殖规模的误区

盲目扩大养殖规模和经营范围是经营者普遍存在的误区。根据存栏规模和养殖主体的不同，目前我国肉驴养殖主要有3种类型：一是以农户家庭为主体的散养方式，这种方式以育肥为主，投资少、成本低，养殖效益在很大程度上受到市场行情的影响；二是以专业养殖户或合作社为主体的中小规模养殖方式，这种方式兼有肉驴繁育、活驴交易、屠宰、生鲜驴肉销售等多种业务，利润相对较高；三是企业化经营的规模化养殖模式，这些经营主体除涉足肉驴养殖外，还有产品深加工、旅游观光、文化传播等业务，经营管理对效益的影响最大。一些投资者不分析自己的具体情况，也没有充分调查研究当地肉驴产业发展和产品需求情况，盲目扩大规模，甚至涉足驴皮、驴奶、餐饮等非养殖相关的行业，往往在经营过程中出现资金链断裂、经营成本过高等问题，严重影响养殖效益。因此，无论家庭经营还是企业经营，都应考虑当地的饲草饲料资源、环境承载能力、土地资源、配套服务体系、加工能力、地方扶持政策等实际情况，选择适合的发展模式与养殖规模。

二、生产管理的误区

人员管理方面的误区主要是没有对养殖场的管理及饲养人员进行必要的专业培训。由于缺乏基本的专业知识，在肉驴养殖过程中，经常出现肉驴生产性能无法得到充分发挥，饲养成本增加等问题。设施设备的管理误区主要是没有配备环境控制、防疫消毒等相关的设施设备，还有部分场（户）圈舍面积、运动场、饲草饲料库房面积、饲槽、水槽等基础条件与饲养头数不匹配。饲料管理方面的误区主要是饲草饲料的采购、加工、运输、贮存及使用不合理造成成本增加，使用效果差、诱发疾病等。

三、对肉驴养殖发展风险认识的误区

一段时间以来，受市场高价利益驱动，许多养殖户在没有充分调研和理性评估的前提下盲目地发展肉驴养殖项目，短期内推高了种驴及驴驹市场价格，使价格与价值严重背离。有的人从自己的利益角度出发，违背客观规律肆意炒作，对肉驴的繁殖效率、生长发育速度、部分品种间的杂交优势及产品附加值夸大宣传。甚至一些专业渠道也频频传出肉驴不发病、饲料转化率高、养殖风险低等信息。以上情况特别是对肉驴养殖利润和养殖前景的过分夸大宣传吸引了更多社会力量投入肉驴养殖行业，加快了肉驴养殖低利润时期的到来。

我国养驴生产还存在养殖区域和消费区域不对等、市场交易不畅、交通不便、设备简陋、技术含量低、卫生得不到保障等问题，不但使活驴资源减少、驴产品的市场竞争力降低，并且存在一定的质量安全风险。肉驴养殖要想长期盈利，并迅速向商品化、产业化、现代化发展，就要充分认识产业风险，依靠社会化服务的支撑，由科研机构、行业协会、龙头企业等向养殖场户开展专业化的经营性服务：包括养殖关键技术推广、优良品种资源引进、疫病诊疗、市场信息、订单生产等，以此推动一二三产业融合发展，引导肉驴养殖健康发展。

第二节 了解我国肉驴养殖现状及前景

我国的驴种起源于亚洲野驴,大约4000年以前经西亚、中亚引入我国新疆南部,经甘肃、陕西逐渐向东部发展,到唐宋时期,驴作为主要的使役家畜已经遍布中原大地。在相当长的历史阶段中,我国以小农经济为主的特点促进了养驴业的发展,驴的用途涵盖农田耕作、运输、骑乘等各个方面。驴作为肉用是随着近年来役用相对减少、人民生活水平提高及饮食观念的转变而提出的新概念,驴产业的生产方向转为偏重于肉用。

一、我国肉驴养殖现状

1. 驴存栏量下降,驴资源紧张短缺

驴养殖业在我国的分布很广,以黄河中下游地区,渭河、淮河、海河流域,新疆、甘肃、东北及内蒙古地区养殖数量最多。官方数据显示,我国曾经是世界上驴存栏量最多的国家,20世纪50年代我国驴存栏量达到1200万头,90年代初期我国的驴存栏量还在1000万头以上。此后,随着农业机械化水平的不断提高和现代化交通工具的应用,我国农村一家一户养驴使役或骑乘的模式逐渐消失,驴存栏量逐年减少。近年来,随着我国人民生活水平的提高,餐饮、保健品、医用市场对驴肉及驴制品的需求也与日俱增,以有着3000多年悠久历史的中国阿胶为例,2003年阿胶年需求量只有300多吨,2014年国内外市场对阿胶的需求量达到5000吨以上,作为阿胶原材料的驴皮价格一度达到每千克40元,一些地区为了眼前利益,对存栏驴不分年龄、性别,灭绝性地大量屠宰,加速了存栏量的下降,2017年我国驴存栏量已经下降到300万头以下。作为养殖畜禽最大群体的农民,因为驴的繁殖周期和饲养周期长,养殖利润低,养殖肉驴的积极性普遍不高。由于养殖数量减少,这些优良品种的繁殖、提纯复壮、肉用产业化开发及养殖技术提升也遇到很大阻碍,这些阻碍反过来限制养殖数量的增加,形成恶性循环。

2. 肉驴养殖起步晚,但发展势头很迅猛

由于养殖历史、思想意识、市场行情和政策扶持等各方面的因素影响,长期以来,我国的肉驴养殖在畜牧生产中处于相对落后的地位。一

些在牛、羊、猪、禽养殖中广泛应用的现代生产技术在肉驴养殖过程中未得到应用，肉驴养殖效益与肉用化程度很高的牛羊养殖相比没有优势，限制了养驴业向肉用转化的速度。在全国范围内，大中型规模的肉驴养殖企业所占比例很小，农村肉驴养殖合作社和一家一户的肉驴养殖模式在资金投入、技术提升方面困难重重。2000年以后，随着驴肉消费市场的变化，我国肉驴养殖得到迅速发展，全国各地相继出现"驴肉消费热"和"肉驴养殖热"，国内一些科研机构和养殖企业开始进行驴的保种、育种和养殖技术提升工作，加快驴的肉用转化速度。特别是2010年以后，国家和各地大力推进肉驴产业发展。国家发展改革委编制的现代种业提升工程建设规划也将肉驴养殖纳入支持范围。《全国草食畜牧业发展规划（2016—2020年）》提出了坚持市场导向，因地制宜发展兔、鹅、绒毛用羊、马、驴等特色草食畜产品，把山东、甘肃、辽宁、新疆、内蒙古等地划为肉驴核心养殖区，在这些区域推进建设示范性驴产业基地，巩固发展驴皮、驴奶、驴肉等传统产品，积极研发生物制品，延伸产业链条。农业农村部、原国务院扶贫办把毛驴列为五大特色养殖品种和十大畜牧扶贫品种之一。在地方性政策扶持方面，全国已有10多个省份的20多个市县累计出台30多个毛驴养殖专项扶持政策，涉及扶持资金50多亿元，扶持养驴将近100万头。国内一些龙头企业在促进肉驴产业发展过程中也发挥了重要作用，仅山东东阿阿胶集团就在全国建立了20多个毛驴养殖示范基地，发展规模化肉驴养殖场200多家，养殖规模超过300万头。辽宁、内蒙古、天津、河南、甘肃等地都开展了肉驴产业强镇建设工作。辽宁省阜新蒙古族自治县大巴镇被誉为"中国养驴第一镇"，天津市蓟州区上仓镇被农业农村部和财政部列入国家2023年农业产业强镇创建名单，内蒙古巴林左旗富河镇明确提出力争到2025年，形成千头种驴繁育、万头商品驴生产的产业发展目标。

3. 驴肉消费市场潜力很大，驴肉生产任重道远

我国的驴肉消费具有悠久的历史，"天上龙肉，地上驴肉"说出了我国劳动人民最朴素的感受，陕西、山西、山东、河北等许多地方还形成了独具特色的传统食品和地方名吃，一些传统美食有着数百年历史。驴肉是人们最为理想的动物性食品原料之一，也是具有补血、补气、补虚功效的理想保健品。和牛、羊、猪、鸡等畜禽产品相比，驴肉的蛋白质含量高，脂肪含量低。驴肉的氨基酸组成比较合理，不饱和脂肪酸含量显著高于牛、羊、猪和禽的肉，富含亚油酸和亚麻酸这两种必需氨基酸，特别是亚油酸的含量高达10.1%，而且矿物元素中铁元素含量明显高于其他畜禽肉。近二三十年，传统美食和地方名吃得到发扬光大，和肉驴相关的餐饮、旅游产业快速兴起，生熟驴肉产品大量供应市场。一些驴肉产品除在我国外，在韩国、俄罗斯及东南亚地区也享有很高声誉，具有广阔的国内和国际市场。一些发达国家已经把驴肉作为主要食用肉类，人均年消费驴肉15千克以上，而我国人均年消费驴肉不足2千克。在驴肉产品生产方面，我国的肉驴屠宰以手工屠宰为主，屠宰检疫和相关产品管理只是参照牛等畜禽产品管理规定执行，没有相关产品标准，也没有规范的市场及销售渠道。驴肉消费市场潜力很大，驴肉生产任重道远。

二、我国肉驴产业的发展趋势

1. 养殖品种向肉用化发展

我国居民肉食消费结构中，猪肉消费占据80%。《中国中长期食物发展战略研究》针对这个结构进行了调整，提出的目标是：猪肉：（牛、羊、驴和兔肉）：禽肉为1:1:1。从目前牛、羊、驴、兔肉的市场供应情况来看，驴肉所占比例不高，缺口很大。为了满足驴肉生产的需要，我国各地原来为农业生产和人们生活提供辅助劳动力的驴品种需要加快向肉用化方向发展。我国的驴品种有30多个，品种资源丰富，在长期的自然选择和人工选择作用下，每个品种都有自己的优势基因，有的品种产奶性能好，有的品种产肉性能好，另外一些品种驴皮质量优良。通过对驴品种资源系统化的产肉、产奶、产皮、抗逆性等重要性状的评价，建立驴群档案，利用现代化的遗传育种技术培育出产肉多、肉质好的肉用驴品种，在不远的将来，"肉驴""奶驴"会像现在的肉牛、奶牛一样形成专业化的产业。

2. 先进技术的广泛应用，推进肉驴养殖模式向规模化的高效肉驴养殖业发展

"高效肉驴养殖业"是近年来相对于国内以农民养殖专业合作社和一家一户饲养为主的"小规模、大群体"肉驴养殖模式而提出的一个新概念。这个新概念的含义为：以现代畜牧科技为先导，依靠科技进步建立一个崭新的肉驴养殖体系，集生产—加工—服务—科研为一体，产、

供、销一条龙发展。驴产业作为中国优质特色和独具竞争优势的畜牧产业，承载着改善膳食结构、康养保健、文化传承和乡村振兴等多重责任。目前，在国内已经建立起世界上最为先进的毛驴全产业链系列产品研发平台，其中驴肉、驴奶、驴胎盘、母驴妊娠等国际合作项目已经落地。全国多所科研院所和高校的研究成果在肉驴养殖中得到应用，科技研发已经成为肉驴产业健康发展的有力支撑。肉驴繁育和饲养过程中，分子遗传标记技术、胚胎移植技术、冷冻精液技术、人工授精技术、高效育肥技术得到广泛应用，TMR（全混合日粮）饲喂设备、肉驴专用多功能保温式水槽、驴舍饲养环境控制设备等也在肉驴养殖中得到应用，原有的小规模饲养模式已经不利于先进技术设备的应用。这种情况下，起点高、规模大、具有发展潜力的大中型肉驴养殖企业数量越来越多，这种企业是高效肉驴养殖业的基础，起到保障肉驴完整产业链持续发展的重要作用。

3. 肉驴养殖业带动一二三产业融合发展

肉驴养殖业带动了肉驴屠宰、肉品加工和驴皮、驴骨、孕驴血、孕驴尿、驴胎盘的开发，全国各地陆续建设年屠宰量数万头到几十万头驴的现代化屠宰企业，驴奶等产品开发企业也相继成立并投入生产，阿胶生产企业更是多达数百家。全国各地从资金和技术方面扶持生产加工企业，大力推进企业提质升级，做好驴产品深加工、精细加工，驴产品从低端向高端市场发展，市场占有率从少到多，驴产业向高科技、高附加值方向发展。各种产品投放市场，满足市场需求的同时极大地提高了肉驴养殖效益。形成一产带动二产，二产反哺一产的良性体系。

与肉驴养殖相关的第三产业涉及餐饮服务产业、医疗保健产业，旅游产业，农业科技观光、科学知识普及和教育，品牌展示、文化传承及商场超市、物流、电商等。随着肉驴养殖业的发展，餐饮行业中驴肉消费量逐年增加，在发扬光大我国各地传统驴肉美食的基础上，又推出了驴肉快餐食品、半成品、驴肉火锅、全驴宴等创新产品。文化传承方面，一些国家如墨西哥、埃及等定期举办传统的驴文化活动，如驴化妆比赛、骑驴比赛、驴球比赛、驴选美比赛、最快驴比赛、最滑稽驴比赛等。近年来，我国一些地方借鉴国外的做法开展驴相关的征文比赛、摄影比赛、选美比赛，拉动经济发展，起到了"毛驴搭台，经济唱戏"的作用。各地的毛驴文化产业园、毛驴博物馆、民俗体验园吸引了大量民众观光旅游。在一些旅游风景区，骑驴也成了一个很受欢迎的项目（图1-1）。传统阿胶的生产和消费对第三产业的带动作用最为明显。以山东东阿阿胶集团为代表的阿胶生产商把养生体验旅游变成了现实，构筑起阿胶生物科技园、阿胶城、毛驴主题乐园、影视拍摄基地等多个养生旅游风景区，将顾客变为游客，游客变为顾客，打造全产业链体验经济新模式。

图1-1　旅游风景区骑驴项目

三、我国肉驴养殖业的市场效益及前景

从我国肉驴养殖业现状来看，目前及今后相当长的一个时期内我国驴肉、驴皮及驴骨等产品的市场缺口依然很大，肉驴养殖前景广阔。驴的适应能力很好，抗病性强，饲料来源广泛，采食量少；肉驴容易管理，与养羊、养猪、养鸡相比，养驴风险很小。在此基础上，肉驴养殖将会获得更大的收益。近几年肉驴养殖的相关数据统计表明，以育肥饲养出售活驴为主的农民合作社和农村个体肉驴养殖户每头肉驴年均纯利润达到1200元，繁育驴场每头母驴年均纯利润达到1500元以上。肉驴屠宰企业出售生鲜驴肉，利润可提高到1500~2000元，熟肉制品利润提高到3000元左右，进入餐饮行业利润则高达5000元以上。除了阿胶产品以外，孕驴尿、驴胎盘、驴油、驴骨等也有相当高的医疗保健功能，保守估计，综合开发后，一头驴的价值是50000~60000元，相当于目前单头驴价值的5~6倍。肉驴饲养已经成为我国畜牧业的重要组成部分，为我国社会经济发展做出了重要贡献，也是我国广大农村农民脱贫致富的有效途径。

第三节　掌握驴的生物学特性

一、驴的外貌特征

驴起源于非洲，具有热带或亚热带动物共有的特征和特性。在同一

地区的生态条件下，驴的体格较马小，第3趾发达，有蹄，其余各趾都已退化；外形单薄，体幅狭窄，耳大而长，额宽突出，鼻、嘴比马尖而细，四肢长；颈细而薄，前额无门鬃，颈脊上鬣毛稀疏而短，不如马的发达，鬐甲处无长毛，尾细，毛少而短，四肢被毛极少或无。驴的形象似马，被毛细、短，毛色比马单纯，毛色以灰黑色最多，占90%以上，其余是栗色和青色，数量很少。浅色驴多有背线、鹰膀等特征。驴的肩部短斜，显得背长腰短。腰椎比马少一节，横突短而厚，故腰短而强固，利于驮运。胸浅而长，腹小而充实。四肢细长，蹄小而高，蹄腿利落，行动灵活，既能爬山越岭，又善走对侧步，骑乘平稳舒适。当饲料充足、营养水平较高时，身体局部如颈脊、前胸、背部、腹部等处有贮存脂肪的能力，所以掉膘速度也慢。驴的体质非常结实，素有"铁驴"之称。

二、驴的性情特征

驴的性情较温驯，胆小而执拗，其叫声长而洪亮，一般缺乏悍威和自卫能力。经调教后，妇女、儿童也可骑乘驾驭。驴性较聪敏、善记忆，如短途驮水，无人带领，常可自行多次往返于水源和农家。驴因胆小而执拗的性格，俗称"犟驴"。

三、驴的繁殖性能

驴1岁左右就达到性成熟，繁殖利用年限长，繁殖利用价值很高。驴是季节性多次发情的动物，一般在每年的3~6月进入发情旺期，7~8月酷暑期发情减弱。母驴发情周期为21~28天。驴的胎儿生长发育快，初生体高可达成年驴的62%以上，体重达成年驴的10%~12%。驴驹出生后第1年发育很快，2岁左右即开始使役、配种，终生产驹7~10头，个别16岁的驴仍能产驹。

四、驴的生活习性

驴是哺乳纲奇蹄目马科马属的单胃草食动物。驴具有较强的抗寒和耐热机能，在炎热和寒冷的气候条件下都能正常生长，适应性和抗逆性强，发病率低，因此养殖风险较小。驴耐饥渴，有的个体数天不食仍能维持正常生理机能。驴饮水量小，冬季耗水量约占其体重的2.5%，夏季约占其体重的5%。抗脱水能力较强，当脱水达其体重的20%时，仅表现食欲减退，脱水达其体重的25%~30%时，尚无显著不良表现。驴还能通过一次饮水补足所失去的水分，单次最多饮水量为脱水体重的30%~33%。驴的体温平均为37.4℃，比马低，维持能量消耗比马少，因此采食量比马少30%~40%。驴的食性广，耐粗饲，对粗纤维消化能力比马高30%，用普通饲料加农作物秸秆、牧草等粗饲料即可喂养，粗饲料可达日粮总量的80%左右，养殖成本低。

五、驴的消化生理特点

驴采食慢，咀嚼细，牙齿坚硬发达，上、下唇灵活，适于采食和咀嚼粗饲料。驴的唾液腺发达，每千克草料可由4倍的唾液泡软消化。驴的胃小，精细咀嚼可以保障胃及小肠对饲料的充分消化和吸收，同时减少饲草对精饲料消化的影响，所以驴采食时间较长。驴胃容积仅相当于同样大小的牛的胃的1/15，饲料在驴胃中停留8~10分钟后开始向肠道转移，2小时后约有60%转移到小肠，4小时后胃即排空，所以驴适合多餐饲喂。驴胃具有分泌胃蛋白酶的能力，对精饲料进行初步消化。驴胃的贲门括约肌发达，而呕吐神经不发达，不宜喂易酵解产气的饲料，以免造成胃扩张。食糜在胃中停留的时间很短，当胃容量达其容积的2/3时，随着不断采食，胃内容物就不断排至肠道。驴胃中的食糜是分层消化的，故不宜在采食中大量饮水，以免打破分层状态，将未充分消化的食物冲进小肠，不利于消化。所以，要求喂驴要定时、定量、少喂、勤添，如果喂料过多，易造成胃扩张甚至胃破裂。同时，要求驴的饲料要疏松、易消化、便于转移，以免在胃内黏结。

六、驴独特的生物学价值

驴肉肉质细嫩鲜美，营养丰富，瘦肉多、脂肪少。与猪肉相比，驴肉中粗蛋白质含量与猪肉相同，但脂肪含量低；与牛、羊肉相比，粗蛋白质含量与牛肉相同但高于羊肉，脂肪含量显著低于牛、羊肉；驴肉中含有的8种人体必需氨基酸，有6种含量高于杜洛克猪，3种高于长白猪，其中苯丙氨酸、赖氨酸和亮氨酸的含量均高于杜洛克猪和长白猪；驴脂肪呈白色或微黄色，与马脂肪的成分接近，胆固醇含量低，而不饱和脂肪酸含量丰富，特别是亚油酸和亚麻酸的含量极为丰富；驴脂肪中含有0.21%反式脂肪酸、38.37%饱和脂肪酸、59.87%不饱和脂肪酸；

驴肉矿物质元素中铁的含量明显高于其他畜禽。驴肉还含有动物骨胶原和钙、硫等成分，不仅可以作为人类很好的动物脂肪来源，而且是预防冠心病和心脑血管疾病的保健食品，具有补气血，益肝脏等功能，可为体虚、病后调养的人提供良好的营养补充。据《本草纲目》记载：驴肉味甘、性凉，可解心烦，止风狂，能安心气，补血益气，治远年劳损。驴肉独特的生物学价值，无论在营养、药用和保健等方面都体现了不可替代的优越性。

第四节　清楚驴的品种分类

由于我国各地的自然、经济条件和劳动人民的需要不同，在选育过程中形成了体形大小不同的3个类型的驴（大型驴、中型驴和小型驴）。习惯上把体高130厘米以上、体重260千克以上的驴划分为大型驴；把体高110~130厘米、体重180千克左右的划分为中型驴；把体高110厘米以下、体重130千克以下的划分为小型驴。

一、大型肉用驴种

1. 关中驴

（1）产地及分布　关中驴产于黄土高原以南，秦岭以北，渭河流域有"八百里秦川"之称的关中平原地区，以陕西乾县、礼泉、武功、蒲城、咸阳、兴平等县、市产的驴品质最佳。

（2）体貌特征　关中驴叫声洪亮、体态优雅，属大型驴种，其体格高大，骨骼粗壮坚实，结构匀称，体形略呈长方形。头大耳长，头颈高扬，颈部较宽厚，鬃毛稀短，眼大而有神，前躯发达，前胸宽广，肋弓开张良好，中躯呈圆桶状，后躯比前躯高，尻短斜，两睾丸大而对称、富有悍威，四蹄端正、蹄大而圆，肌腱明显，蹄质坚实，行动敏捷而善走，挽力强。凹背、尻短斜为其缺点。90%以上为粉黑毛，被毛短细，富有光泽，少数为栗毛、青毛和灰毛。以栗色和粉黑色且黑（栗）白界限分明者为上选，即"粉鼻、亮眼、白肚皮"。

（3）生产性能　关中驴驴驹生长发育快，1.5岁时体高即可达到成年驴的93.4%，3岁时公、母驴均可配种。公驴4~12岁繁殖能力最强，母驴3~10岁时繁殖力最强。关中驴的寿命平均为20岁，母驴终生可产驹

5~8头。关中驴遗传性强,是小型驴改良的重要父本品种,它与母马交配也能生产出大型的骡子,杂交效果好。经长期选育可提高品种质量。

2. 德州驴

(1) **产地及分布**　德州驴主产于鲁北、冀东平原沿渤海的各县。以山东的无棣、庆云、沾化、阳信及河北的盐山、南皮为中心产区。

(2) **体貌特征**　德州驴是我国优良的大型良种驴,体格高大,体躯壮实、匀称,眼大,嘴齐,耳立,鬐甲偏低,头颈、躯干结构良好,背腰平直,肋胸拱圆,尻稍斜,四肢坚定有力,蹄圆而质坚,关节外形凸起明显,体形方正美观。体质结实,皮薄毛细。公驴前躯宽大,头颈高昂。有三粉(鼻周围粉白、眼周围粉白、腹下粉白)和乌头(全身毛为黑色)两种,两种各表现不同的体质和遗传特性。三粉驴(彩图1)体质结实,头清秀,四肢较细,肌腱明显,体重较轻,动作灵敏。乌头驴(彩图2)全身各部位均显粗毛,头较重,颈粗厚,鬐甲宽厚,四肢粗壮,关节较大,体重偏大,为我国现有驴种中的重型驴。

(3) **生产性能**　12~15月龄性成熟,2.5岁开始配种。母驴一般发情很有规律,终生可产驹10头左右,有的母驴在25岁仍可产驹。

3. 广灵驴

(1) **产地及分布**　广灵驴产于山西省东北部广灵、灵丘、桑干河、壶流河两岸,产区山峦起伏,小部分为河谷盆地,海拔为700~2300米。

(2) **体貌特征**　广灵驴属大型驴种。适应半干旱丘陵生态类型,体形高大、骨骼粗壮、体质结实、结构匀称、体躯较短。被毛粗密、色黑,但眼圈、嘴头、前胸口和两耳内侧为粉白色,当地群众叫"五白一黑",又称"黑画眉",还有全身黑白毛混生,并有五白特征的,俗称"青画眉"。

(3) **生产性能**　平均寿命比其他驴种长5年左右,耐寒性能好,是繁殖大型驴骡、改良小型驴种的优良种驴品种。繁殖性能与其他品种相似,多在每年2~9月发情,3~5月为发情旺盛季节,终生可产驹10胎左右。

4. 晋南驴

(1) **产地及分布**　晋南驴产于山西省运城地区和临汾地区南部,以夏县、闻喜为中心产区。绛县、运城、永济、万荣、临琦等地区都有分布。

（2）体貌特征 晋南驴为大型驴种，属平原生态类型，体质结实紧凑，体形近长方形，外貌清秀细致，这是有别于其他驴种的特点。皮薄而细，以黑色带三白（粉鼻、粉眼、白肚皮）为主要毛色（占90%），少数为灰色、栗色。

（3）生产性能 1岁时体高可达成年体高的90%左右，8~12月龄有发情表现。母驴适宜初配时间为2.5~3岁，3~10岁生育力最强。种公驴3岁开始配种，人工授精1年可达150~200头甚至以上，4~8岁为配种最佳年龄。

二、中型肉用驴种

1. 佳米驴

（1）产地及分布 佳米驴产区处于陕西北部黄土高原的沟壑地区，主要产地为陕西省佳县、米脂、绥德三县，中心产区在三县毗邻地带，以佳县乌镇、米脂县桃花镇所产的驴为最佳，分布于附近各县和山西临县及周围各省，以及延安、榆林市。

（2）体貌特征 佳米驴为中型驴。毛色为粉黑色，常分为以下两种。一种为黑燕皮驴（占90%以上），这种驴全身被毛似燕子，白色部分大小不同，仅嘴头、鼻孔、眼周及腹部为白色，范围不大；体格中等，体形略呈方形，体质结实，结构匀称，眼大有神，头略长，耳薄而立，颈肩结合良好；躯干粗壮，背腰平直，结合良好；四肢端正，关节粗大，肌腱明显，蹄质坚实，尻短斜。另一种为黑四眉驴，这种驴白腹，面积向周边扩延较大，甚至超过前后四肢内侧、前胸、颌下及耳根处；骨骼粗壮结实，体形略小。

（3）生产性能 一般在2岁性成熟，3岁可开始配种，每年5~7月为配种旺季，发情周期平均为22.69天，发情持续期为3~6天，休情期为13~30天，妊娠期为360天。母驴多3年2胎，终生可产驹10头左右。耐粗饲，也很少出现消化系统疾病。这个品种可以适应黑龙江、青海等地寒冷气候，是一种适应性、抗病力都特别强的优良驴种。

2. 泌阳驴

（1）产地及分布 泌阳驴主要产区为河南省西南部，南阳以东一带的泌阳、唐河、社旗、方城、舞阳等县，泌阳县为中心产区。

（2）体貌特征 泌阳驴为中型驴种，体形呈方形或高方形，体质结实,结构匀称紧凑,外形美观。头方正、灵俊清秀,肌肉丰满,耳大小适中,耳内中部多有一簇白毛。颈长适中,多为水平颈,头颈结合良好。背腰平直,多呈双脊双背,腰短而坚,尻高宽而斜。四肢端正、直,系短而立,肌腱明显。蹄小而圆,质坚。被毛密,毛色主要为黑粉色,眼、嘴周围和腹部为白色,故又名"三白驴"。

(3) 生产性能　1~1.5 岁表现性成熟,2.5~3 岁开始配种。母驴一般 3 年生 2 胎,繁殖年限可达 15~18 岁,终生可产驹 14~15 头。

3. 淮阳驴

(1) 产地及分布　淮阳驴主要产区为豫东平原南部的淮阳、郸城西部、沈丘西北部、项城、商水北部、西华东部、太康南部和周口市,以淮阳县为中心产区。

(2) 体貌特征　淮阳驴属中型驴种,分为粉黑、红褐两种主色。粉黑毛色驴体格高大,体幅较宽,体高略大于体长,头略显重,肩较宽,前躯发达,鬐甲高,利于挽拽;中躯显短,呈圆桶形,腰背平直,四肢粗大结实,后躯高于前躯,尻宽而略斜,尾帚大。红褐毛色驴体格大,单脊单背,四肢高长。

(3) 生产性能　母驴 1.5 岁开始发情,2.5 岁开始配种,母驴可繁殖到 15~18 岁。公驴 3 岁以后开始种用,至 18~20 岁性欲仍很旺盛。

4. 庆阳驴

(1) 产地及分布　庆阳驴产于甘肃省东南部的庆阳、宁县、正宁、镇原、合水等地。平凉地区也有分布,以庆阳、董志塬地区为中心产区。

(2) 体貌特征　庆阳驴属中型驴种,体长稍大于体高,体格粗壮结实,结构匀称。体态美观、性情温驯而执拗,头中等大小,面部平直,嘴和眼圈多为白色或灰白色,眼圆而亮,腹毛多灰白色。耳不过长,颈肌肥大,胸部发育良好,腹部充实,尻稍斜,肌肉发育良好,骨骼结实,四肢端正,关节明显,蹄大小适中而坚实。庆阳驴毛色以粉黑色为主,还有少量为灰色和青色。

(3) 生产性能　1 岁时就表现性成熟,公驴 1.5 岁配种就可使母驴妊娠,有的母驴 2 岁就可以产驹。驴驹出生时,公驴驹重约 27.5 千克,母驴驹重约 26.7 千克,以公驴 2.5~3 岁、母驴 2 岁开始配种为宜,饲养管理好的可利用到 20 岁,终生可产驹 10 头。

三、小型肉用驴种

1. 新疆驴

（1）**产地及分布**　新疆驴主要分布于新疆南疆的喀什、和田、阿克苏、吐鲁番、哈密等地，新疆北部也有少量分布。新疆驴因其良好的役用性能，逐渐分布到青海、甘肃、宁夏等地。分布在河西走廊（武威、张掖、酒泉等地）的毛驴也叫河西驴或凉州驴。分布在宁夏西吉、海原、固原的驴又称西吉驴，都属于新疆驴的一个类群。

（2）**体貌特征**　新疆驴属小型驴种，体格矮小，体质结实，头略偏大，耳直立、额宽、鼻短。耳壳内生有短毛。颈薄、鬐甲低平，背平腰短，尻短斜，胸宽深不足，肋扁平。四肢较短，关节明显，蹄小质坚，毛色多为灰色和黑色。

（3）**生产性能**　1岁时就有性欲，公驴2~3岁、母驴2岁开始配种，在粗放的饲养和重役下也很少发生营养不良和流产。可繁殖至12~15岁，产驹8~10头，驴驹成活率在90%以上。如用关中驴改良新疆驴母驴，后代体高可达125~130厘米。

2. 西南驴

（1）**产地及分布**　西南驴分布在云南省、四川省和西藏自治区，主要集中在川北，川西的阿坝、甘孜、凉山、滇西，以及西藏的日喀则、山南等地。这些地区多为高原山地和丘陵区。

（2）**体貌特征**　西南驴是我国最矮小的驴种，头显粗重，额宽目隆，耳大而长，鬐甲低，胸浅窄，背腰短直，尻短斜，腹稍大，前肢端正，后肢稍向外，蹄小而坚实，被毛厚密，毛色以灰色为主，并有鹰膀、背线、虎斑三个特征，其他毛色还有红褐色、粉黑色。

（3）**生产性能**　西南驴性成熟早，2~2.5岁即可配种繁殖，母驴一般3年生2胎，如专门做肉驴饲养也可1年1胎。

3. 华北驴

（1）**产地及分布**　华北驴是指产于黄土高原以东、长城内外至黄淮平原的小型驴种，已分布到东北三省，如陕北滚沙驴、内蒙古库仑驴、河北太行驴、山东小毛驴、淮北灰驴等，统称为华北驴。

（2）**体貌特征**　华北驴体形比新疆驴、西南驴都大，呈高方形，体质结实，结构良好，体躯较短小，头大而长，额宽实，胸窄浅，背腰平,腹部稍大。四肢结实,蹄小而圆。被毛粗刚,毛色以青色、灰色、黑色居多。

(3) **生产性能**　繁殖性能与大中型驴相近,生长发育比新疆驴快。公驴18~24月龄、母驴12~18月龄性成熟,母驴2.5岁、公驴3~3.5岁开始配种。发情季节多集中春、秋两季,发情周期为21~28天,发情持续期为5~6天。公、母驴繁殖年限一般为13~15年,母驴终生产驹8~10头。与大型驴杂交,1周岁体高可达110厘米;所产驴骡成年体高达135厘米,对寒、暑的适应力较强。

第二章
做好肉驴养殖场建设
向环境要效益

第一节 肉驴养殖场建设中的误区

一、场址选择的误区

肉驴养殖场建设的第一步就是场址选择，场址选择是否合理直接关系到肉驴养殖效益的高低，甚至直接决定着肉驴养殖场能否长远发展和持续经营。实际养殖过程中，经常能见到一些肉驴养殖场因为在场址选择前没有充分了解当地社会经济发展现状和规划，特别是没有充分了解城乡建设发展规划、环境保护规划及农牧业发展总体规划，这种情况下确定的场址在肉驴养殖场建设和后续的养殖过程中常面临无法扩大规模，甚至不得不搬迁或转产的困境。肉驴养殖场场址选择中常见的误区有以下几个方面。

1. 在禁养区、限养区选择场址

2016年以来，各地政府职能部门按照《畜禽养殖禁养区划定技术指南》的要求，在充分调研的基础上核定了当地畜禽禁养区域，报请同级人民政府批准并向社会公布。如果选择肉驴养殖场场址时违反了上述相关规定，只能承担因为搬迁或转产带来的各种损失。以下区域内禁止建设畜禽养殖场、养殖小区。

（1）**饮用水水源保护区** 包括饮用水水源一级保护区和二级保护区的陆域范围。饮水水源保护一级保护区内禁止建设养殖场。饮用水水源二级保护区禁止建设有污染物排放的养殖场。需要注意的是，畜禽粪便、养殖废水、沼渣、沼液等经过无害化处理用作肥料还田，符合法律法规要求及国家和地方相关标准不造成环境污染的，不属于排放污染物。

（2）风景名胜区 包括国家级和省级风景名胜区。风景名胜区的核心景区禁止建设养殖场，其他区域禁止建设有污染物排放的养殖场。

（3）自然保护区的核心区和缓冲区 包括国家级和地方级自然保护区的核心区和缓冲区。自然保护区核心区和缓冲区范围内，禁止建设养殖场。

（4）人口集中区 包括城镇居民区，集贸市场，文化教育科学研究区等人口集中区域。

（5）其他 法律法规规定的其他禁止养殖区域。

2. 在畜禽数量饱和的区域选择场址

某一区域内畜禽养殖的数量是由该区域农作物种植类型和总产量、该区域土壤养分状况、粪肥替代化肥比例及畜禽粪便当量等因素决定的。当畜禽存栏量超过了该地区能承载的畜禽养殖数量，就会出现畜禽粪污污染问题。

3. 在没有配套粪污消纳用地面积的地方选择场址

在畜禽养殖数量可以增加的区域新建肉驴养殖场也要考察所选择的场址附近有没有足够的用地面积来消纳肉驴养殖场产生的粪便，考察内容应该包括肉驴养殖场规模、粪污收集处理方式、养殖场配套土地种植的作物类型和种植制度等情况。如果选择的场址附近无法提供就地无害化处理粪、尿、污水的足够场地和配套粪污消纳田地，这样的地方即使处于畜禽养殖数量可以增加的区域内，依然不适合新建肉驴养殖场。

关于某一个规模养殖场需要配套的粪污消纳用地面积要求如下：根据养殖场存栏量和粪污收集处理方式，测算畜禽粪肥养分供给量，再根据养殖场配套土地种植的作物类型和种植制度（如小麦 - 玉米轮作）、土壤养分含量和粪肥替代化肥比例等情况，测算单位土地粪肥养分需求量，将养殖场畜禽粪肥养分供给量除以单位土地粪肥养分需求量得到需要配套的土地面积。

4. 在基础条件不能满足肉驴生产条件的地方选择场址

（1）场址过于偏僻 在远离村镇、集市和其他生产经营场所的地方选址建场满足了防疫的要求，也可以免受噪声等带来的影响，但场址过于偏僻则不方便修建肉驴养殖场专用道路连通国道或高速公路，生产生活资料的调运、产品销售、人员进出会受到一些影响，加大经营成本，影响养殖效益的提高。

(2) **地势不适于肉驴养殖场建设**　在地势较低、起伏较大或距离沟壑较近的地方建场易发生滑坡、塌方、泥石流、洪水等地质灾害。建在山谷的肉驴养殖场在放牧和饮水等方面比较方便，但存在地面潮湿、空气流通不畅等弊端，山顶建场在粪污处理和冬季防寒方面存在较多难题。

(3) **地形选择不合理**　场地形状不规整，在建筑布局方面就会出现问题，如场内道路管线延长、土地利用率降低，增加了投资，也给日常生产带来不便。肉驴养殖场建筑用地周围要宽阔，尽量建在地形开阔的地段，不要选择狭长或者多边的地块。

(4) **没有发展的空间**　土地面积在能满足设置管理、生产、粪污处理等各功能区及防疫隔离需要的前期下还要考虑养殖场发展的需要，为扩大养殖规模或者发展屠宰加工等留有余地。

(5) **场地的土质情况不良**　土质对场区环境、建筑施工、饲料作物的种植和养殖场区绿化都有重要影响。砂质土或壤土透水透气，利于排水，导热性较差，微生物不容易繁殖，有利于肉驴生产。排水良好、地下水位低、土质坚实的地方能够满足建设工程要求，在减少建设投资同时保证建筑物的质量。

(6) **水源、水质得不到保障**　肉驴养殖场用水量较大，每100头肉驴每天需饮用水10吨左右，饮水的质量直接影响肉驴生长发育。因此在肉驴养殖场场址选择时，要选择水源便于取用和保护的地方，在一些远离城镇、没有自来水供应的地方建场要提前做好地下水源或者其他水源的探查工作。对于水质的要求要按照畜禽饮用水水质的相关规定执行，需求色度不超过300，浑浊度不超过200，不得含有异味、臭味和肉眼可见物；总硬度以碳酸钙计不能超过1500毫克/升，细菌学指标方面，成年家畜饮水中大肠杆菌群不能超过100个/升，幼龄家畜饮水中大肠杆菌群不能超过10个/升；毒理学指标方面，对氟化物、氰化物、总砷、总汞、铅、铬、镉等的含量都有规定。因此，在没有自来水供应的地方建设肉驴养殖场，一定要事先对地下水源或溪流、江河等其他水源做好相关化验，符合要求的情况下才能作为肉驴养殖场场址。

（7）电力条件不能满足需要　电力供应是保证肉驴养殖规模化、标准化的前提条件，如果发生电力供应不足的情况，势必在肉驴养殖场饲料供应、肉驴舍环境控制等方面造成影响。

（8）通信和网络条件不能满足需要　通信和网络条件不能满足需要，会对原材料供应、产品销售方面造成不便，肉驴养殖过程中的信息化管理和肉驴产品安全体系建设也会遇到问题，不利于养殖场的长远发展。

5. 在驴肉消费和其他驴产品开发利用程度不高的地区选择场址

在全国范围内，驴肉、驴皮、驴奶、驴骨的开发利用存在地区差异，在同一地区也因饮食习惯、环保、防疫等原因对肉驴产品需求量也会有所不同。这样的形势下，将肉驴养殖场建在驴产品开发利用程度高的地区，在产品销售方面会有很大便利，不会因为产品销售不畅或因为大量外销而加大销售成本。

6. 在饲料来源不便的地方选择场址

驴的饲养过程中需要大量玉米、豆类、稻谷的秸秆或苜蓿等其他牧草作为粗饲料，在农作物种植面积较大的地区建场能够节约粗饲料购买和运输成本。另外，农作物秸秆通过肉驴的过腹还田，能够改良土壤结构、减少化肥的使用、保证粮食作物的产量和质量，缓解人畜争粮的压力。

【提示】

场址选择达到的最佳效果是肉驴养殖场不对周围环境造成影响，也不遭受周围环境对养殖过程的影响。

【注意】

不能建场的区域：政府相关职能部门设定的禁养区、限养区或有可能成为禁养区、限养区的区域；生态、文物、旅游、水源等特殊地域周边；居民区、学校、市场等公共场所附近；其他养殖场、畜禽屠宰加工场、畜禽交易市场附近；污水处理厂、其他可能造成污染的生产场所附近。不选择山谷、洼地、河滩等容易发生次生灾害的地点作为场址。

【小经验】

平原地区的肉驴养殖场建在地势高燥、平坦或稍有坡度的平地，坡向以南向或东南向为宜，丘陵地带的肉驴养殖场建在远离沟壑并且周围地势起伏不大的地方，山区建场要选择向阳的南山坡，坡度不超过20度。

二、场区布局的误区

肉驴养殖场通常分为管理区、生产辅助区、生产区、隔离饲养区和粪污处理区。这些区域的布局直接关系到肉驴养殖场的劳动生产效率，关系到场区小气候状况和兽医防疫水平，甚至影响到肉驴养殖场总体经济效益。肉驴养殖场场区布局中常见误区如下：

1. 认为肉驴养殖场与外界环境不需要隔离设施

规模化肉驴养殖场除有围墙与外界隔离外还应有沟渠或绿化带作为与外界的缓冲区域，起到防疫隔离效果。实际生产中，常常见到一些小规模肉驴养殖场和一些个体肉驴养殖户的养殖场与外界没有明显分界线，这样的条件下，肉驴养殖过程容易受到各种干扰，使肉驴生长发育缓慢甚至因此发生疾病和死亡。

2. 认为肉驴养殖场内区域设置不用考虑地理环境因素

各个区域设置中没有考虑地势和风向对防疫工作的影响，比如将隔离饲养区设在上风向处或者将粪污处理区设在地势较高处都有可能带来疾病的传染。一些养殖场由于饲料库、配种站位置不合理，以及养殖场内道路规划不合理，影响劳动效率的提高。

3. 认为场内各区域间界线不用明显

肉驴养殖场内各个区域应该利用水塘、土丘、空地、绿化带、房屋等进行有效隔离。一些小规模肉驴养殖场往往存在不同区域界限不清、没有隔离设施等问题，出现诸如肉驴饲养管理人员和饲养专用工具随意进入饲料库房、粪污处理区域等现象，容易造成疾病的传染和流行。

三、肉驴养殖舍建设的误区

1. 认为肉驴养殖舍类型不需要适应当地气候特点

肉驴养殖舍类型较多，根据各地地理位置和气候特点不一样，选择的肉驴养殖舍也不一样。另外，不同用途和不同生理阶段的肉驴也要选择不同的养殖舍，肉驴繁殖场的驴舍条件要求要比育肥驴舍高一些。在北方寒冷地区如果仅考虑成本修建开放式或半开放式驴舍，会造成冬季肉驴生长发育缓慢，以及一些呼吸道疾病和胃肠道疾病发生。

2. 认为没必要建设专用养殖舍

一些小规模肉驴养殖场，只有一栋或几栋养殖舍，没有种公驴舍、产房等专用驴舍，特别是一些个体养殖户的种公驴、繁育母驴和驴驹都在同一养殖栏内饲养，无法对肉驴群进行针对性的饲养管理，往往出现肉驴生长发育缓慢、繁殖力低下、疾病多发的后果。另外，没有专用驴舍也容易出现踢伤、咬伤、母驴早孕、意外流产等一系列问题，影响肉驴养殖效益的提高。

3. 认为闲置房屋和其他家畜养殖舍可以随意改造为肉驴养殖舍

一些养殖户利用闲置房屋简单改造饲养肉驴，还有一些原来饲养家禽或猪、羊等其他家畜的养殖户将原有养殖房舍改造成肉驴养殖舍（图2-1）。这些情况下，往往因为饲养环境、饲养面积等条件不能满足肉驴生长需要从而造成养殖效益低下。

4. 为节约资金，购置简陋设施设备

一些肉驴养殖者认为肉驴养殖风险低，肉驴抵抗力强，能够适应外界天气等环境因素的变化，也不易发生各种疾病，因此，在肉驴舍建设中不注重舍内温湿度调控、通风换

图2-1 蛋鸡舍改造的肉驴舍

气及防疫消毒设施的建设，这可能会影响肉驴的生长发育，存在疾病隐患。采用其他一些不规范的设施设备，如饲料储存条件差，肉驴采食腐败变质的饲料引起消化道疾病。一些小规模养殖场和养殖户使用的肉驴饮水设备仍然是铁质、木质、砖混、塑料和石槽等传统水槽，进入冬季肉驴只能饮用冷水，影响生长发育，个别采用铁制水槽的养殖户在冬天直接使用柴草在水槽下加热，这种加温方式不易掌握温度而且存在安全

和环境污染隐患。购置简陋的设施设备（彩图3、彩图4）虽然节约了资金投入，但在防疫、提高劳动效率和促进肉驴生长发育方面往往得不偿失。

第二节　建好肉驴养殖场的主要途径

一、科学选择场址

1. 与周围环境的距离要求

肉驴养殖场与居民点的适宜距离应该保持在1000米以上，最短距离也要在500米以上，各类养殖场相互间的距离应在500米以上。动物养殖场、养殖小区选址距离生活饮用水源地、动物屠宰加工场所、动物和动物产品集贸市场应在500米以上，距离种畜禽养殖场1000米以上，距离动物诊疗场所200米以上，与其他动物养殖场（养殖小区）的距离不少于500米，距离动物隔离场所、无害化处理场所3000米以上，距离城镇居民区、文化教育科研等人口集中区域及公路、铁路等主要交通干线500米以上。肉驴养殖场选址除以上距离限制外还要注意不能位于居民区及公共建筑群常年主导风向的上风口处。具体肉驴养殖场建设距离要求见表2-1。

表2-1　肉驴养殖场建设距离要求　　　　　　　（单位：米）

场所种类	距离
生活饮用水源地、人口集中区	>500
其他动物养殖场（养殖小区）	>500
动物屠宰加工场所	>500
动物和动物产品集贸市场	>500
种畜禽养殖场	>1000
动物隔离场所及无害化处理场所	>3000
公路、铁路等主要交通干线	>500

2. 肉驴养殖场用地要求

（1）足够的土地面积　土地面积能够满足肉驴养殖、防疫、粪污处理、经营管理、饲料存放及产品开发的需要，同时为扩大规模或开发阿胶、驴奶生产留有可利用土地。

（2）**合理利用土地**　在符合当地土地利用规划的前提下严格按照国家相关政策法规合理占用土地，尽量利用废弃地、荒山坡地、滩涂等未利用土地和低效闲置的土地，不占或少占耕地，严格禁止占用基本农田，确需占用耕地的也要尽量占用劣质耕地，避免滥用优质耕地，同时通过工程、技术手段减少对耕作层的破坏。在肉驴养殖过程中，注意发展种养结合生态型农业产业模式，利用当地农作物种植条件，就近解决肉驴的精饲料和苜蓿、农作物秸秆等粗饲料来源，降低收购和运输成本，农作物秸秆经过肉驴过腹还田还能在节约资源、减少环境污染方面发挥作用。

（3）**土地利用手续合法完善**　按照相关法律法规要求办理土地审批手续，如果是在当地政府部门规划的养殖业用地范围内建设肉驴养殖场，手续比较简单，需要注意的是，养殖管理和生活用房、疫病防控设施、饲料贮存用房、硬化道路等附属设施，属于永久性建（构）筑物，其用地参照农村集体建设用地管理，需依法办理农用地转用审批手续。

3. 地势与地形要求

（1）**地势要求**　在平原及丘陵地带建设肉驴养殖场选择地势高燥、地下水位低的平坦或缓平地带。山区选址时则要求是背风向阳的南坡，坡度在15度左右。滩涂等地必须选择地势最高处，保证高出当地历史洪水线，否则会出现潮湿现象，导致蚊虫、微生物滋生，诱发肉驴蹄叉疾病和各种寄生虫病。

（2）**地形要求**　用作肉驴养殖场的地形最好是开阔的长方形或正方形场地，这样可以充分利用土地，也方便各个区域的布局。狭长或不规则的多边形场地无法兼顾防疫、管理方便和美观整洁的需要。

二、合理设计养殖场面积

肉驴养殖场场地面积要根据养殖规模和饲养肉驴的用途确定，带有肉驴繁育区的养殖场面积较大，单纯的育肥场面积则稍小一些。肉驴养殖场面积还因饲养管理方式、集约化程度和饲料供应情况的不同而有差异。目前，肉牛场基础母牛每头占地面积为60~80米^2，每头建筑面积

为 16~20 米^2；奶牛场基础母牛每头占地面积为 130~150 米^2，每头建筑面积为 28~30 米^2。而我国肉驴养殖尚未形成专门化的肉用或奶用饲养模式，参考肉牛和奶牛养殖场的占地面积，结合肉驴生产特点和生理特性，规模化肉驴养殖场占地面积可以按每头肉驴 100~150 米^2 计算，单纯的肉驴育肥场适当小一些，带有肉驴繁育区的养殖场面积适当大一些，即可满足肉驴饲养和防疫的需要。另外，肉驴养殖场面积也与场区地势地形有很大关系，同样规模和用途的肉驴养殖场，如果场地规则平整则占地面积小一些，如果场地不平整、地势高低不平则占地面积大一些。

三、合理规划养殖场布局

1. 管理区

管理区是各种办公和生活用房所在的区域，这个区域应在肉驴养殖场的地势最高处或上风向处，与其他区域保持 50 米以上的距离，管理区与外界及其他区域用围墙或水塘、绿化带、农作物种植地等自然或人工设施隔开。管理区通向外界的大门设有门卫室，门口修建消毒池。从外界进入管理区的所有人员经紫外线消毒室并脚踏消毒垫，进入管理区的车辆经过消毒池后停放在固定车位。

2. 生产辅助区

生产区辅助区设在管理区和生产区之间，生产辅助区建筑包括饲料库、饲料加工车间、青贮窖、车库等。饲料库、加工车间、青贮窖的位置要兼顾由场外运入，再运到驴舍两个环节。从管理区进入生产辅助区的大门有人员消毒通道和车辆二次消毒通道。肉驴繁育场的生产辅助区除了一般的消毒通道外，应该增加更衣室、消毒沐浴室，消毒沐浴室应按单向进出的要求设计。生产辅助区配备专用地磅、叉车、粉碎机、铡草机、块根饲料洗涤切片机等设备。生产辅助区防火、防涝设施设备完善，特别是饲料库与其他建筑要有 50~100 米的防火距离。

3. 生产区

生产区是养殖场的核心区域，也是防疫和管理的重点区域，生产实践中生产区和生产辅助区一般没有严格分界线。但要做好生产辅助区的车辆和人员控制工作，非生产区人员和车辆不能进入生产区，也不能产生对生产区有影响的噪声和其他干扰。生产区的肉驴舍布局要按照分阶段、分群饲养的原则进行，各驴舍保持适当距离，布局整齐，以便防疫和防火。但也要适当集中，节约水电线路管道设置和维护费用，缩短饲草饲料及粪便运输距离，便于科学管理。生产区设施包括驴舍、运动场、人工授精或自然配种站。驴舍包括种公驴舍、繁育母驴舍、产房、驴驹舍、后备母驴舍、育肥驴舍，以上不同类型驴舍按主导风向和地势高低依次排列。要充分考虑生产便利和防疫需要，繁育母驴舍、后备母驴舍要建在育肥驴舍的上风向处，公驴舍和配种站设在几栋繁育母驴舍中间地带，公驴舍不但要配备相应面积的活动场地还要配备专门的运动场地和器械。运动场设在两栋驴舍的中间，面积根据驴舍种类有所不同，单排驴床的驴舍舍间距为7~9米，双排驴床的驴舍舍间距为15米左右。生产区的道路设计一定注意运送饲料的净道和清除粪便的脏道严格分开，动物和物品转运采取单一流向，防交叉污染和疫病传播。生产区配备养殖专用地磅、装卸台、清扫及消毒机械设备。

4. 隔离区

隔离区是防疫重点区域，与驴舍距离不小于100米，进出隔离区的通道防疫消毒设施完善，隔离区内有专用喷雾器、高压锅等消毒设备。为了完成病驴的隔离饲养和疾病治疗，应修建适合单独饲养的驴舍，有完备的水电供应、饲料存放等条件，有治疗所需的保定架、冰箱、器械柜等。

5. 粪污处理区

粪污处理区位于肉驴养殖场的下风向处，也是地势最低的地方，主要功能是堆放和处理驴粪。堆放驴粪的地方设有防雨棚，地面有防渗漏处理，防止粪污蔓延污染环境。为了避免驴粪堆积时间过长产生废气污染环境的现象，定期使用专用铲车和运输车辆将堆放的驴粪运送到配套的消纳田地。驴粪的资源再生利用工作也在粪污处理区完成，通过专用设备和技术杀死驴粪中的杂草种子和病原微生物，把驴粪制成专用肥料或畜禽养殖的专用垫料，实现"资源利用、无害处理、生态发展"的目标。

四、保护好养殖场的场区环境和按要求建设驴舍

1. 土壤

土壤的透气性、渗水性、吸热性和蓄热性等性能直接影响肉驴养殖

环境，继而对肉驴生长发育产生影响，土壤受到病原微生物或其他有害物质污染也会造成肉驴发生疾病。因此，肉驴养殖场建设中一定充分了解场地土壤的物理、化学及微生物特性并采取有效的应对措施，以免造成损失。土壤按质地可分为黏土、砂土和壤土3种。黏土质地黏重，土壤颗粒间结构比较紧密，透气性和渗水性差，土壤中水分较多、气体较少，特别是雨季容易造成地面潮湿、泥泞，这样的土壤环境下养殖场区空气湿度较大，不利于肉驴的生长发育，潮湿的土壤易造成各种微生物、寄生虫、蚊蝇滋生，养殖场内建筑物也容易受潮，降低保温隔热性能和使用年限；砂土中砂粒含量较高，土壤颗粒间空隙大，透气、透水性好，黏度大，降水后不易潮湿、易干燥，但其导热性强，热容量小、热状况差；壤土介于黏土和砂土之间，透气性和渗水性适中，场区空气卫生状况较好，抗压能力较大，不易发生冻土，建筑物也不易受潮，是肉驴养殖场建设最理想的土壤类型。土壤条件对肉驴养殖的影响见表2-2。

表2-2 土壤条件对肉驴养殖的影响

土壤条件	对肉驴养殖的影响
通气性低	潮湿肉驴易发生皮肤病
微量元素缺乏或过量	易发生肉驴代谢性疾病
病原微生物污染	引起肉驴腹泻等疾病
重金属或农药污染	引起肉驴中毒反应
土壤颜色过深	影响肉驴体温调节

2. 环境质量

1999年7月1日实施的中华人民共和国农业行业标准NY/T 388—1999《畜禽场环境质量标准》规定了畜禽养殖场空气、生态环境和畜禽饮用水的水质标准。这个标准所指的畜禽场规模为：鸡存栏量大于或等于5000只，母猪存栏量大于或等于75头，牛存栏量大于或等于25头。目前肉驴养殖场存栏肉驴数量普遍达到百头以上，生产实际中应该参照该标准执行，肉驴养殖舍空气环境质量参照牛舍标准。具体环境质量见表2-3~表2-5。

表 2-3 畜禽场空气环境质量要求

项目	缓冲区	场区	舍区			
			禽舍		猪舍	牛舍
			雏	成		
氨气/(毫克/米³)	2	5	10	15	25	20
硫化氢/(毫克/米³)	1	2	2	10	10	8
二氧化碳/(毫克/米³)	380	750	1500		1500	1500
PM_{10}/(毫克/米³)	0.5	1	4		1	2
TSP/(毫克/米³)	1	2	8		3	4
恶臭（稀释倍数）	40	50	70		70	70

注：1. 表中数据皆为日均值。
  2. 表中 PM_{10} 是指空气中颗粒直径在 10 微米以下的可吸入颗粒物或飘尘；TSP 是指空气中颗粒直径在 100 微米以下的总悬浮颗粒物。

表 2-4 舍区生态环境质量要求

项目	禽		猪		牛
	雏	成	仔	成	
温度/℃	21~27	10~24	27~32	11~17	10~15
相对湿度（%）	75		80		80
风速/(米/秒)	0.5	0.8	0.4	1.0	1.0
照度/勒	50	30	50	30	50
细菌/(个/米³)	25000		17000		20000
噪声/dB	60	80	80		75
粪便含水量（%）	65~75		70~80		65~75
粪便清理	干法		日清粪		日清粪

表 2-5 畜禽饮用水质量要求

项目	自备井	地面水	自来水
大肠菌群/(个/升)	3	3	
细菌总数/(个/升)	100	200	
pH	5.5~8.5		
总硬度/(毫克/升)	600		
溶解性总固体/(毫克/升)	2000①		
铅/(毫克/升)	Ⅳ类地下水标准	Ⅳ类地面水标准	饮用水标准
铬(六价)/(毫克/升)	Ⅳ类地下水标准	Ⅳ类地面水标准	饮用水标准

① 甘肃、青海、新疆和沿海、岛屿地区可放宽到 3000 毫克/升。

3. 肉驴养殖舍的建筑要求

(1) 基本原则 适合当地气候特点和环境因素，经济实用，满足肉驴生产管理、防疫及产品加工销售等工作顺利进行。

(2) 地基和墙壁 为保证肉驴舍坚固耐用，提高肉驴舍保温性能，需要用石块或砖头砌好 100 厘米以上的地基。墙壁厚 50~75 厘米，以砖墙为佳。也可利用彩钢板等作为墙壁，一定要保证坚固性和保温性能良好。开放式驴舍无墙壁的一侧地基高出地面 50 厘米作为支架基座。驴舍的墙体一般采用砖墙，地基深 90 厘米左右，墙厚 24 厘米即可。

(3) 肉驴舍高度和跨度 一般肉驴舍房脊高 4~5 米，前后房檐高 3~3.5 米。单排驴舍跨度为 3~5 米，双排驴舍跨度为 8~10 米。应用 TMR 饲喂设备的肉驴养殖舍跨度为 10 米以上，饲喂道宽 4~4.5 米。

(4) 肉驴舍长度 根据地形和饲养规模而定，一般肉驴舍长 50 米以上，应用 TMR 饲喂设备的肉驴养殖舍长 100 米以上。

(5) 肉驴舍屋顶 单坡或双坡式屋顶，屋脊高 4~5 米，设置透气楼窗。屋顶材料结实耐用、保温性能好，以防止风雪雨和太阳辐射。北方的肉驴舍在屋顶下应加设天棚，在屋顶和肉驴舍间形成一个空气缓冲层，有利于保温和隔热。屋架以钢材为主，坚固耐用，可以负重以便寒冷季节加装保温材料。

(6) 肉驴舍门窗 肉驴舍的门要结实牢固，与舍内通道相通的大门设计成没有门槛的双开门。通向运动场的门要设计成卷帘门。门高 2.5

米左右、宽2.2米左右。单排驴舍北侧窗户边长为0.8~1米，离地面1.5米左右，南侧窗户边长为1~1.5米，离地面1.2米左右。门窗选择塑钢材料，门高2~2.2米、宽2~2.5米，窗下沿离地面1.5米左右。

4. 其他建筑要求

（1）管理区建筑　管理区建筑包括办公室、会议室、档案室、门卫室、宿舍及后勤服务用房，这些建筑按照普通办公建筑要求设计和建设，设计使用年限为25年或50年，耐火等级不低于民用建筑防火规范二级的要求。管理区建筑在布局方面不但要方便管理和后勤保障工作的进行，还要做到整齐美观。一些小规模肉驴养殖场和养殖户利用临建房、集装箱等作为管理用房，缺乏必要的供暖和服务设施，给生产和生活带来不便，这样的临时建筑在安全方面也存在隐患，最好不要采用。

（2）生产辅助建筑

1）饲料库。包括精饲料库和粗饲料库，饲料库入口正对生产辅助区大门又靠近肉驴养殖区，既要方便外来原料运入也要便于运输到各栋驴舍。精饲料库建在地势稍高的地方，干燥通风，周围有排水沟，与其他建筑有安全防火距离并配备防火设备。粗饲料库房单独建造，容积大小以能满足肉驴5个月需要量设计，尽可能设在下风向处，与周围建筑距离在50米以上。在粗饲料大量收购季节也可以选择合适的地点露天堆放粗饲料（或贮存于干草棚中），但一定要做好防潮、防雨和防火工作。

2）青贮窖。青贮窖设置在肉驴养殖场外或生产辅助区内，既能利于青贮作业又方便出料和运送。青贮窖容积以能满足本场肉驴3个月需要量设计。小规模养殖场和养殖户常用的是地壕结构的地下或半地下青贮窖，窖的顶部宽、底部窄，从地面的进口到窖底形成斜坡道，窖底和侧壁夯实，如果是半地下结构的青贮窖，地面以上部分用砖或石头垒成，窖里铺好塑料薄膜后放满青贮饲草，最后将饲草用塑料薄膜整个包裹起来，上面覆盖土层。这种青贮窖建造成本低，经济实惠，特别是一些雨水较少的地区和排水良好的地形条件下特别实用，但在青贮和取用过程中一定注意防止泥土混入饲草中，泥土混入可造成饲草腐烂、变质。如果经济条件和地点位置条件许可，也可以将底部和地下部分的侧壁建成混凝土结构，避免土窖的一些弊端。大规模的养殖场常用地上青贮窖（也称青贮池，图2-2），这种青贮窖特别适用于雨水较多、土质状况不好及地下水位高的地区，青贮窖的底部在地面以上或稍低于地面，做成防渗漏的缓坡，窖壁是平直光滑的砖混结构，窖的高度为2.5~3米，窖的长和宽根据饲养量、原料来源和地形等情况适当调整。这种地上青贮窖的优点是青贮质量易于把控，方便操作，但需要场地面积较大，建设也要投入较多成本，在青贮和取用过程中需要机械设备。

五、不同类型肉驴舍的建设要求

肉驴舍的基本要求是保温、隔热并能满足通风换气和光照需求，驴舍结构和门窗等附属设施坚实牢固。不同用途的驴对驴舍面积、驴舍建筑等都有不同要求，同一用途的驴各生理阶段的需求也有差别。一般育

图2-2　地上青贮窖（青贮池）

肥驴舍对驴舍条件要求可以适当放宽，种公驴、妊娠母驴和哺乳母驴需要特别的驴舍来保证正常配种和繁育需要。生产实践中常见的肉驴舍类型主要有开放式驴舍、半开放式驴舍、封闭驴舍和塑料暖棚驴舍等几种类型。不同类型肉驴舍各有优缺点，养殖者应该根据当地自然环境、气候特点、饲养规模、资金投入等因素正确选择，北方寒冷地区驴舍设计以防寒为主，南方地区则要考虑防暑降温。规模化肉驴养殖场大多采用带活动场地的封闭驴舍。无论哪种驴舍都应该坐北朝南或朝东南方向修建，有利于采光和冬季保暖。驴舍大门入口处要设置水泥结构消毒池。驴舍内的主要设施有饲槽、驴床、水槽、清粪通道、粪尿沟和通风换气孔等。

1. 开放式驴舍（彩图5）

只有端墙或者四面无墙，靠柱子或钢架支撑建成的棚舍。这种棚舍设计、建筑都很简单，造价低廉，采光、通风均好，但保暖性差，适用于四季气温比较高的地区。也有人把开放式驴舍称为敞棚式驴舍，在温度适宜的南方或阶段性育肥的一些肉驴养殖场常常能看见这种只有顶棚的开放式驴舍，以围栏或围墙圈起一块地方来饲养肉驴，在围栏范围内

选择避风向阳、地势较高的地方搭建棚舍，有的把棚舍搭建在围栏内中间位置，一些草场面积较大或有放牧条件的地区往往在围栏范围内不同位置搭建多个棚舍。无论棚舍搭建在哪个位置，棚舍总面积要保证所有肉驴在雨天时能有采食和休息的地方。这种棚舍造价低，经济适用，适合粗放型肉驴养殖。

2. 半开放式驴舍

半开放式驴舍三面有墙，向阳一面敞开，有部分顶棚，在敞开一侧设有围栏，驴散放其中，水槽和料槽设在栏内有顶棚的地方，每舍（群）15~20 头，每头驴占有面积 4~5 米^2。这类驴舍造价低，节省劳动力，但冬季防寒效果不佳。这种驴舍可以建成三面有墙、一面全无墙的形式，也可以是四面都是半墙的形式，顶棚靠柱子或钢架支撑，这种半开放式驴舍也只适用于冬季不太寒冷的地区。当冬季遇到极端寒冷的天气时，可以用遮蔽物适当封闭敞开的墙体，以增强肉驴舍的保暖性能。图 2-3 为农村合作社常见的半开放式驴舍。

图 2-3 半开放式驴舍

3. 封闭驴舍

规模化肉驴养殖场都采用封闭驴舍，这种驴舍通过建筑技术和相应设备保证肉驴舍的环境条件，建筑要求本节已有叙述。小型肉驴养殖场

多为单排封闭驴舍（彩图6），驴舍内只有一排驴床，驴床前为食槽，食槽前为过道，水槽在驴舍两端和驴舍中间隔断处，向阳一侧开门通向肉驴运动场。大规模养殖场采用双排封闭驴舍（彩图7），驴舍内设有两排驴床，驴床前为食槽，食槽前是过道，驴舍两侧开门通向运动场。

4. 塑料暖棚驴舍（彩图8）

塑料暖棚驴舍多为一些养殖户采用，在北方寒冷地区的农户庭院养殖中最为常见，在寒冷的冬季对开放式或半开放式驴舍进行临时改建就成塑料暖棚驴舍，这种暖棚驴舍不但可以帮助肉驴温暖过冬，在炎热的夏季还可以将塑料膜等吸热保温材料换成遮阳网帮助肉驴躲避太阳暴晒。搭建塑料暖棚驴舍要从以下几个方面做好工作：

1）搭建塑料暖棚驴舍一定注意充分利用太阳光照，暖棚方向向南，偏东或偏西角度最多不要超过15度，暖棚前方避免高大建筑物及树木遮阳。暖棚与地面的夹角以55~65度为宜，夹角过大起不到利用太阳光保温的作用，夹角过小虽然可以增加太阳辐射面积，但棚内可以使用的面积太小。

2）暖棚结实牢靠选用钢筋或钢管做成的拱架，作为支架材料，每根拱架上端与驴舍房顶连接，下端与地面上的墙基相连接，拱架间距为1米左右，各拱架用横向钢筋或钢管固定成一个整体。

3）注意通风换气问题，搭建暖棚驴舍时为了保温往往需要把其他三面墙体封闭严密，要在暖棚上留有通风换气窗口，窗口距地面高度以1.5米为宜，每个窗口面积为400厘米^{2}左右。

4）暖棚的覆盖材料可以选择以聚氯乙烯为原料的普通膜，这种膜厚度为0.1毫米，无色透明，对太阳光透过率高而对地面长波辐射透过率低。也可以选用多功能长寿膜，这种膜厚度更小而且结实耐用。

5. 种公驴舍（彩图9）

种公驴舍的位置和配种站一样位于养殖场的中间地带，种公驴舍的配备要根据养殖场母驴数量和配种技术而定，一般自然交配情况下公驴和母驴比例为1∶25，人工输精情况下，公驴和母驴比例为1∶（80~100）。种公驴舍建筑要求和其他驴舍一致，但驴床和食槽要用坚固的栅栏分割成各个单独的采食和活动空间，每个空间占4米^{2}左右，一个空间饲喂1头公驴，防止公驴相互袭扰。也有单间式的种公驴养殖舍，每个单间有前后门，分别通向过道和独立的运动场。这种单间种公驴舍的舍外活动场也相应地分为单独区域,面积为 20 米^2 左右。为了保持种公驴的体质良好,保证配种质量,需要配备专门的公驴活动场和运动器械。运动场地的地面材料以三合土或砂石为好,不能太硬也不能有扬尘出现,运动器械可以选择专门器械,也可以用钢管焊接,配以电动机。常见的种公驴舍有两种,一种是单间式种公驴舍,一种是在大间驴舍内用铁网隔开的饲养单间。

6. 分娩及哺乳舍

10~15 头母驴配备一个分娩及哺乳舍,为 5 米^2 左右的单独驴舍,内有食槽、水槽、保温、通风等基本设备,是母驴分娩和产后几个月内饲养场所。有的养殖者在哺乳舍内修建产房,产前 15 天进入产房,产后 1~2 周(根据季节、天气情况不同)进入哺乳栏舍。

7. 隔离舍

隔离舍用于隔离和治疗病驴,除食槽、水槽及必要的供暖、防暑降温和通风换气设施外,还要配备用以治疗的保定架。

【提示】

不同类型肉驴舍各有优缺点,养殖者应该根据当地自然环境、气候特点、饲养规模、资金投入等因素正确选择。

【注意】

肉驴少量散养条件下不易发病,规模饲养时常常发生各种呼吸道疾病、消化道疾病及皮肤病,为防止疾病传染,一定要重视防疫消毒设施设备的投资和建设。

六、配备必要的设备和用具

1. 肉驴运动场

(1)**肉驴运动场面积** 运动场面积要根据肉驴的用途和年龄来定,种驴的运动场面积稍大一些,驴驹和青年驴的运动场面积小一些。实际生产中可以参考表 2-6。

(2)**肉驴运动场建设要求** 种公驴和妊娠母驴的运动场要隔成独立的运动空间,育肥和后备肉驴运动场设在两栋驴舍的中间地带。运动场的地面采用三合土或砂土铺垫,有利于驴蹄的保护。运动场围栏高 1.8~2

米,选用结实耐用的钢管、水泥柱或木桩制成。为满足肉驴随时饮水的需求,运动场内放置水槽,水槽上方有遮阳棚。

表 2-6 肉驴运动场面积要求 （单位：米^2）

肉驴生理阶段	平均每头肉驴占有面积
种公驴	20~25
繁育母驴	15~20
青年驴	10~15
驴驹	5~10

2. 防疫消毒设施

（1）**消毒池** 肉驴养殖场设置消毒池的部位包括生活管理区与外界相通的大门口、养殖场各个区域分界线处、各个肉驴养殖舍门口、兽医治疗室门口和配种站门口。消毒池与门同宽,长度为3~5米,深度为0.3~0.5米,露天消毒池一定要搭建面积大于消毒池的防护棚,防护棚高度要保证所有可能通过此处的车辆正常通行。特别是隔离区和粪污处理区与外界及其他相邻区域相通的门口,消毒池的宽度大于可能通过这些地方的所有车辆宽度,长度确保车轮在消毒池内运转1圈以上,深度确保能没过车轮1/3部位。定期更换消毒池内的消毒液,确保有效消毒浓度。

（2）**消毒通道** 生产区入口设置车辆和人员消毒通道,必须进入生产区的所有车辆和人员要经过消毒通道进行有效消毒。

1）人员消毒通道。设置在一个封闭的过道或房间内,消毒设备安装在屋顶或侧壁上,地面是消毒池或消毒毯,通道的入口和出口都装有电子控制的门锁,人员在消毒通道停留足够时间后门锁自动打开。常用的消毒设备有紫外线照射、消毒液喷雾和臭氧发生器三种,由于紫外线照射、常规喷雾和臭氧消毒对人体健康有较强的危害,现在推荐使用的消毒方式是超声雾化消毒。超声雾化消毒是利用高频率声波的振荡作用把消毒药液雾化成直径小于10微米的小雾粒,在不对人体造成伤害的情况下完成全方位消毒（图2-4）。

2）车辆消毒通道。车辆消毒通道可以是砖混结构的固定建筑,也可以采用彩钢板等材料搭建,通道内安装专业车辆消毒设备。专业设备自动感应并启动，对车辆顶部、侧面和轮胎等全身进行高效消毒，通道地面部分是消毒池，消毒池内车辆行驶减速带位置安装向上喷雾喷头对车辆底盘进行喷雾消毒。

（3）**更衣室** 肉驴饲料加工车间、各栋肉驴养殖舍、配种站、兽医室等工作场所应该设置更衣室，更衣室设置在各个工作场所内的入口附近。更衣室内有专用衣柜或物品架分别存放工作

图2-4 人员消毒通道

服、鞋帽等防护用品。更衣室房顶悬挂紫外线消毒灯并定时开启。除了上下水装置及洗衣机等必需条件外，兽医室及隔离治疗室的更衣室还要配备高压消毒锅或消毒柜等消毒处理设备。

（4）**消毒管道和移动消毒车** 规模化肉驴养殖场要给各栋驴舍配设消毒喷雾管道，管道外接压力泵实现舍内喷雾消毒，利用这个管道也可以完成除臭、加湿及防暑降温等工作。

移动消毒车的功能有两个，一个功能是完成养殖场环境消毒，另一个功能是移动到养殖场内各场所对房屋、设备、车辆等其他用具进行清洗和消毒。

3. 驴床

肉驴养殖舍内除了过道、食槽、水槽、粪沟外，其余面积几乎都被驴床占据。驴床是肉驴吃食和休息的地方，驴床前沿和食槽底座相连，后沿和粪沟相接，前沿稍高于后沿呈平缓的坡度，利于冲刷和保持干燥。设计驴床时，要满足坚实耐用、不打滑、保温、不潮湿的要求。不同类型的肉驴养殖舍对驴床要求稍有差异。

（1）**驴床长度** 驴床长度是指食槽后沿到排粪沟的距离，种公驴驴床长2米左右，繁育母驴和育肥驴驴床长1.8米左右，青年驴驴床长1.6米左右。驴床过短，肉驴活动受限，影响其采食和饮水；驴床过长，不但建设成本增加，而且容易造成粪便污染驴床和驴身体。

（2）**驴床宽度** 驴床宽度是指每一头驴占有的驴床位置，种公驴和

繁育母驴驴床宽1.5米左右，育肥驴驴床宽1.1米左右，青年驴驴床宽0.8米左右。

（3）驴床坡度 驴床前沿高出排粪沟5厘米左右，从前到后修成坡度为1%~1.5%（0.57~0.86度）的平缓坡面。坡度太小不便于清洁和消毒；坡度过大会影响采食也会导致肉驴出现一些生殖系统疾病。

（4）驴床的地面 生产实际中常见驴床地面有以下几种。

1）水泥混凝土或砂石料驴床。用水泥、砂石等建筑材料修建而成，结实耐用，导热性能好，清洗和消毒方便，缺点是过于坚硬，修建成本比较高。

2）沥青驴床。保温好并有弹性，不渗水，清洗和消毒方便，遇水容易变滑，修建时应掺入煤渣或粗砂。

3）砖驴床。用砖平铺或立砌，用石灰或水泥抹缝，导热性好，硬度较高。

4）木质驴床。导热性差，容易保暖，有弹性且易清扫。但容易腐烂，不方便清洗和消毒，造价也高。

5）土质驴床。将土铲平、夯实，上面铺一层砂石或碎砖块，然后再铺一层三合土，夯实即可。这种驴床就地取材，造价低，并具有弹性，保暖性好，还护蹄。

6）专用驴床。近年来，一些活动地板床和橡胶床在奶牛养殖过程中应用并取得良好效果，这些专用床采用橡胶等特殊材料制成，防腐耐磨，比水泥地面柔软，软硬适中，橡胶的非吸水性也让床垫具备了防潮性能；床垫表面有分布均匀的球状凸起可以防滑，能避免肉驴滑倒、摔伤，减少医药费用支出；床垫下层设计的沟槽，起到通风和导流作用，可以使意外残留于床垫上的水通过沟槽流走或风干，能有效地防止肉驴的肢蹄病、乳腺炎等疾病的发生。专用床虽然投资较大但应用效果良好，可以在肉驴养殖中借鉴应用。

4. 食槽

饲槽在驴床前端，供肉驴采食精饲料和粗饲料。肉驴养殖中常见的饲槽有两种形式，一种是利用肉驴养殖舍内通道作为食槽供肉驴采食，另一种形式是在驴床前面设置固定食槽。无论哪种形式的食槽都要使所有肉驴能同时吃上草料。种公驴和繁育母驴采用独立食槽。不同生理阶段肉驴平均食槽宽度见表2-7。

表 2-7　不同生理阶段肉驴平均食槽宽度　　（单位：厘米）

肉驴生理阶段	每头肉驴占食槽宽度
种公驴	80~100
繁育母驴	80~100
青年驴	60~80
驴驹	30~50

（1）**通道一体式食槽**　就是利用驴舍内过道地面作为食槽，驴床前端地面顺驴的排列方向地面做一条瓦沟状地面，利用通道做食槽的情况下，肉驴养殖舍内驴床位置较通道平面下沉 0.5 米左右，驴床前端部分通道做成弧形沟，肉驴在这个弧形沟内采食。这种食槽节约成本，利于清扫和消毒，但也存在容易污染的缺点。育肥肉驴常用这种食槽，种公驴不建议使用。

（2）**固定食槽**　固定食槽是上宽下窄的矩形或弧形槽，上宽 0.6~0.8 米、槽底宽 0.35~0.4 米、食槽内缘（靠近驴床一侧）高 0.35 米、食槽外缘（靠近过道一侧）高 0.6~0.8 米。常见食槽有以下几种。

1）固定式水泥食槽。基座和食槽都用砖头、砂石等建筑材料制成，结实耐用，成本低廉。

2）铁质食槽。利用钢管、角铁焊成支架，支架上用铁板或其他金属材料制作的食槽，制作过程中一定要打磨光滑以免对肉驴造成伤害，也有就地取材用铁桶等改制而成的铁质食槽。

3）木质食槽。用木头和模板制作的肉驴食槽，这种食槽虽然造价较低，但应用过程中容易损坏，规模化肉驴养殖场不建议应用。

4）石质食槽。一些养殖户、生态园、观光农场肉驴养殖中利用农村原来饲养牛等家畜的石质食槽饲喂肉驴，这种食槽大小规格不一，比较笨重，需要建造坚固的基座，比较麻烦，不适合规模化肉驴饲养。

5. 水槽

（1）**水槽安装位置**　育肥驴舍和后备驴舍内水槽的位置在驴床侧面相邻两个饲养栏的隔断处，可以满足相邻两个围栏内肉驴饮用，每头肉驴平均占有水槽长 10~15 厘米即可满足肉驴饮水需要。种公驴舍和母驴产房可以用独立水槽，也可以与相邻驴舍共用一个水槽，选择公用水槽

时，把两孔水槽镶嵌在两个单间的隔墙处，一侧一个饮水孔供相邻的两头驴饮用。

为满足肉驴随时饮水的需求，运动场内要安装水槽，水槽应有遮阳和防雨棚，冬季运动场水槽水温应在0℃以上。

【提示】

个别采用铁制水槽的养殖户在冬天直接使用柴草在水槽下加热，这种方式不易掌握温度，水温过高也会影响肉驴饮水而且存在安全和环境污染隐患，不要效仿这种做法。

(2) **水槽种类** 肉驴水槽的质材和规格没有严格要求，小规模养殖场和养殖户常常用水缸、水桶等容器作为肉驴水槽，也有人把汽油桶等容器纵向切开用作水槽，还有人利用砖头、水泥和砂石自己建造肉驴水槽。无论什么样的水槽，只要能使肉驴喝到水并保证饮水清洁就可以。

为了提高劳动效率和饲养管理水平，获得更多经济效益，建议规模化肉驴养殖场采用多功能保温式水槽。多功能保温式水槽用不锈钢材或塑料制作，自动上水，冲洗方便，也具有加热和保温功能。这种水槽能保证肉驴随时喝上清洁的水，特别是冬季能保证运动场内饮水温度达到10℃左右，避免肉驴饮水不足或因饮用冷水造成的胃肠道问题。多功能保温式水槽有以下特点，值得推广应用。

1) 结实耐用。不锈钢或塑料质材制成，不生锈、不易腐蚀、防止漏水、经久耐用。可在舍内和运动场等多个地点安装使用，可供多头肉驴同时饮水。

2) 性能优良。保温性能良好，可以根据季节调控水温，自动上水、洁净卫生、方便冲洗和消毒。

3) 安全。控制系统实施隐蔽安装，电路和上下水管道埋设在地下或设有安全保护，防止肉驴毁坏水槽，同时避免伤害到肉驴。

6. 保定架

保定架是肉驴养殖过程中进行人工授精、肉驴疾病诊断和治疗、疫苗注射、妊娠检查及修蹄护理等多项工作时的必需工具。常见保定架多为养殖场自己用钢管、木头等材料制作而成，固定在肉驴养殖场内配种站、隔离治疗室等处。保定架的立柱、前挡和两侧横梁固定不动，后挡可以根据驴的个体大小和保定需要进行前后位置的调整。有的保定架只有立柱和两侧横梁，不设前后挡，保定架内配有胸带、臀带、肩带和腹带，保定时先挂好胸带，把驴从后方引入保定架内，根据驴个体大小调整臀带位置，再根据需要固定肩带和腹带。自己制作的保定架经济实用，需要注意的是要保证坚固性和安全性，避免使用过程中对肉驴造成伤害或其他事故。

为满足肉驴养殖的需要，已有专业厂家生产或定制驴专用保定架，专用保定架有固定式也有移动式，不同部件采用钢材、木板、橡胶等不同材料制作，配有手动或电动操作系统，组装及操作方便、坚固耐用，避免了驴碰伤、划伤等现象。有条件的养殖场可以考虑使用。图 2-5 为肉驴养殖场常见保定架。

图 2-5　保定架

7. 装卸台

（1）**固定装卸台**　固定装卸台就是在养殖场内用砖块和水泥建成一个平台，平台为边长 2 米的正方形，高度与一般货运车辆车厢一致，有宽 2 米、长 10 米左右的坡道与平台相连，坡道和平台周围加装栏杆，装卸肉驴时把车靠近平台就行了。这种装卸台的缺点是装驴前或卸驴后还要完成肉驴到驴舍的转运，费时费力。

（2）**移动装卸台** 大型养殖场必备，可以移动到各个养殖舍门口装卸肉驴。专业厂家生产或定制的装卸台能够自动调节高度和坡度，有防滑和防护栏杆。彩图 10 所示为肉驴养殖场自己用钢管、角铁等材料焊接的装卸台，底部装有轮胎可以移动，侧面有防护栏，跑道结实并有防滑垫，经济实用。

8. TMR 饲喂设备

TMR 饲喂设备是一种科技含量较高的设备，这种设备能够把各种饲料原料进行均匀混合并精准分发给肉驴。TMR 饲喂设备的应用有以下优势：肉驴采食均匀，减少饲料浪费，常见消化道疾病发生率降低，生长发育均衡；利用设备优势处理多种饲料原料，降低饲料成本；饲料加工和喂料时间大幅缩短，劳动强度降低，提高工作效率。具体操作见视频 2-1。

视频2-1 TMR 饲喂技术

9. 肉驴舍内环境控制设施

肉驴舍内环境控制设施由肉驴舍内环境信息采集系统、现场信息传输系统、信息处理系统和相应的环境控制设备组成。信息采集系统自动对舍内有害气体含量，舍内不同点位温湿度数据及光照强度等信息进行检测，信息处理系统对采集到的各种数据统计分析并根据设定的环境因子发出指令，控制设备自动开启输送暖风加温、开启湿帘降温和通风换气等操作，将肉驴舍内各种有害气体含量、温湿度、光照强度控制在设定范围内。肉驴舍环境控制设施的优势是可以实时监测到舍内各种参数并进行自动化控制，减少舍内环境因素对肉驴生长发育的影响，确保肉驴健康。

10. 粪污处理设施

粪污处理设施包括堆粪场、污水池等。

（1）**堆粪场** 建在粪污处理区，离养殖舍或隔离治疗舍 50 米以上，堆粪场地面应进行水泥硬化，并高出周围地面 5 厘米左右，防渗漏，有防雨顶棚，周围有排水沟。

（2）**污水池** 污水池建在粪污处理区的最低处，污水池的容积根据肉驴养殖场的规模而定，常见的污水池容积为 30~50 米^3，每个月清掏 1 次。污水池有管道和养殖场内各个驴舍相通，通向污水池的主管道应有 3%~5% 的坡度利于污水流入。

11. 其他设备

其他设备包括人工授精过程中应用的假台驴、公驴运动器械（视频2-2）、地磅、场内转运饲料的车辆、清理粪污的设备和运送车辆、饲料粉碎机、铡草机、块根饲料洗涤切片机等。

视频2-2　公驴运动器械

【小经验】

生产实践中，一些养殖户把砖块侧面向上铺成地面再灌以三合土，避免了水泥地面不保温而且易破损的缺点，也利于污水渗漏，值得推广。

第三章
科学选种引种　向优良驴种要效益

选种是繁殖的前提，是选择肉用驴的优良品种，加以繁殖。根据种驴的体貌、生产性能、遗传力和种用优良性状进行选择，使其代代相传。选种实质上就是选优去劣，最大作用在于定向地改变种群的基因频率，从而改变种群的遗传结构及生物类型。

第一节　引种与留种的误区

驴是草食家畜，适应性广，抗病力强，耐粗饲，易饲养，好管理，繁殖快，投入少，效益好，是农民脱贫致富的一条新路径。肉驴引种和留种的误区主要集中在以下几个方面。

一、对品种的概念不清楚

我国的驴品种较多，每个品种都有各自的优势和地域特点，有的品种产肉性能较好，有的品种产奶性能较好，有的品种更适合作为辅助劳动力来使用。一些肉驴养殖户对品种的概念不清楚，认为只要是驴就可以当作肉驴来饲养。也有人凭短期饲养经验就选择某个品种当作肉驴饲养，不管是杂交后代还是纯繁个体、有没有血统档案、是否经过选育，也不管生长或发育情况好坏，都认为是优良的肉驴品种。

肉驴品种是经过人工选择的产物，只有优良的肉驴品种，才能有更高的生产性能、更高的产品质量，才能获得更高的效益。品种的好坏是相对的，一般来说，只有适应性强、生产性能好、遗传性能稳定、种用价值高的品种，才算是好品种。也就是说，不经过选择、不符合品种条件的肉驴，即使它的父母亲是肉驴，也不能作为种用。

品种指一个种内具有共同来源和特有一致性状的一群家养动物或栽培植物，其遗传性稳定，且有较高的经济价值。养驴致富，关键是品种。优良品种的肉驴体格高大,结构匀称,外形美观,体形方正,头颈躯干结合良好,体格良好,寿命长,耐受力强,不易生病,性情温顺。

三粉驴(鼻周围粉白,眼周围粉白,腹下粉白,其余毛为黑色)和乌头驴(全身毛为黑色)是目前我国各地饲养较多的肉驴品种,它们的蛋白质含量高,脂肪含量较牛羊肉低,胆固醇含量低,肉质鲜美,是餐桌上的上好佳肴。

二、为了省钱购买体重小的种驴

肉驴的销售一般以体重为计价标准。也就是说,体重越大越贵。有的人为了少花钱,特意选购体重小的种驴。这是大错特错的。第一,驴的体重越小,对环境的适应性就越差,购买后容易发生疾病,或由于不能很好地生长发育影响生产性能。第二,在同龄的驴中,体重越大,发育得越好,将来生产性能越高。同理,体重越小,发育越慢,将来生产性能很难有高的表现。因为,"表型=基因型+环境"。在同样的环境下饲养的驴,表型的差距主要由基因决定。如果种驴体重小,其后代难有高的性能。生产实践表明,断奶体重差500克,半年体重差5000克。如此下去,其后代的体重很难提高。第三,肉驴早期的生长速度与骨骼的分化是同步的。即生长速度快的驴骨量低。骨量是衡量一头肉驴质量高低的主要标准。如果一种肉驴的骨量很低,那它就失去了作为肉用动物最起码的特征。它不仅不合格,它的后代也很难有高的骨量。体重小、骨量低的肉驴没有什么利用价值。

1. 肉驴的标准

生产高档驴肉的优质肉驴体重要求达250~300千克。在肉驴生产中,目前使用的主要品种是德州驴、关中驴等大型优良肉驴品种与我国各地中小型驴杂交生产的杂交改良驴品种。这些驴具有良好的肉用性能,通过科学饲养,特别是后期集中育肥3~5个月,18~27月龄体重可达300千克以上。

2. 种驴的综合选择

肉用种驴的综合选择流程如下:一般在1.5岁时进行初选,根据系谱、体形外貌和体尺指标选择优良种驴;3岁时,根据系谱、体形外貌、体尺指标和本身性状进行复选;5岁以后,除前四项外,加后裔测定进行最后选择。我国的几个主要驴种都有各自的鉴定标准。一般驴的综合

选种限于条件和技术的原因,只在种驴场和良种基地进行。

3. 架子驴的选择

在我国的肉驴业生产中,架子驴通常是指未经育肥或不够屠宰体况的驴,这些驴常需从农场或农户选购至育肥场进行育肥。架子驴品质是影响商品肉驴肥育性能的重要因素之一。

(1) 架子驴的分级　作为买卖双方市场议价的基础,便于架子驴的分群和架子驴市场的统计,把架子驴大小和肌肉厚度作为评定等级的2个决定因素。架子驴共分为3种架子10个等级,即大架子1级、大架子2级、大架子3级;中架子1级、中架子2级、中架子3级;小架子1级、小架子2级、小架子3级和等外。分别要求如下:

大架子:要求有稍大的架子,体高且长,健壮。

中架子:要求有稍大的架子,体较高且稍长,健壮。

小架子:骨架较小,健壮。

1级:要求全身的肉厚,脊、背、腰、大腿和前腿厚且丰满。四肢位置端正,蹄方正,腿间宽,优质肉部位的比例高。

2级:整个身体较窄,胸、背、脊、腰、前后腿较窄,四肢靠近。

3级:全身及各部位厚度均比2级要差。

等外:因饲养管理较差或发生疾病造成不健壮的驴属此类。

(2) 架子驴选择的原则　选择架子驴时要注意选择健壮、早熟、早肥、不挑食、饲料转化率高的驴。具体操作时要考虑品种、年龄、性别和体质外貌等。

1) 品种、年龄。在我国,目前最好选择德州驴。年龄最好选择1.5~2岁或15~21月龄的架子驴。

2) 性别。如果选择已去势的架子驴,则早去势为好,3~6月龄去势可以减少应激,加速头、颈及四肢骨骼的雌化,提高出肉率和肉的品质,但公驴的生长速度和饲料转化率优于阉驴,且胴体瘦肉多,脂肪少。

3) 体质外貌。在选择架子驴时,首先应看体重,一般情况下1.5~2岁或15~21月龄的驴,体重应在150千克以上,体高和胸围最好大于其所处月龄的平均值。另有一些性状不能用尺度衡量,但也很重要,如健康肤色,牙的状态,蹄、背和腰的强弱,肋骨开张程度,肩胛情况等。

一般的架子驴有如下标准:四肢与躯体较长的架子驴有生长发育潜

力,若驴驹体形已趋匀称,则将来发育不一定好;十字部略高于体高、后肢飞节高的驴发育能力强;皮肤松弛柔软、被毛健康柔软密致的驴肉质良好;发育虽好,但性情暴躁、神经质的驴不能认为是健康驴,这样的驴难于管理。

三、留种误区

1. 为了省钱购买低质量的种驴

市场上肉驴的质量差异很大,因而售价高低相差悬殊。优质肉驴每头可能售价达到万元或数万元以上,而质量一般的驴可能仅几千元一头。有的人为了省钱,哪儿的种驴便宜就从哪儿买,甚至到集市上购买没有任何谱系记录的商品驴作为种驴。常言说,"种瓜得瓜,种豆得豆""好种出好苗,好树结好桃""一分钱,一分货,十分价,准不错"。没有优质的种驴,不可能获得优秀的后代。一头优质的种驴,不仅自身优良,更重要的是可以将自身的优良性状遗传给后代,将个体的优良性状变成群体的优良性状,使整个驴群的生产性能和产品品质得到较大幅度的提高,尤其是种公驴,其意义和重要性更大。

2. 为了省钱购买少量的公驴

有些人认为驴驹是母驴生的,只有多养母驴才能获得更多的驴驹。公驴仅用于配种,饲养多了吃料多,养多了不划算。因此,在购买种驴时,多买母驴,少买公驴。这对于一个大型驴场而言可能问题不大。如果是一个规模较小的驴场,假如仅仅有3~5头公驴,问题就严重了。因为肉驴配种需要按照一定的要求进行,比如亲缘关系。对于生产商品肉驴的驴场来说,应该避免近亲交配。如果一个规模较小的驴场公驴数量少,那么饲养几年以后这个群体就成了一个近亲群体。驴的近亲繁殖会造成衰退现象,如生长速度慢、被毛高低不平、产死胎和畸形胎儿、生长驴出现八字腿、牙齿错位、单睾或隐睾等。

3. 认为国外的种驴一定比国内的种驴好

有些人在引种方面"崇洋媚外"和"喜新厌旧",认为凡是国外的,都比国内的好,凡是从国外新引进的,一定比以前引进的强。因此,只要听说什么地方从国外引种了,不管质量如何、价格高低,不惜代价购买,这是一种偏见。肉驴最先由澳大利亚培养,最后被很多国家引进和饲养,并在不同国家的特定条件下培育成各具特色的种群或品系。我国

目前饲养的肉驴在不同的驴场经过多年培育，尤其是通过不同品系的杂交，形成了很多优良种群。其中的一些种群不仅质量高，而且经过多年的风土驯化，其适应性和抗病力有了较大幅度的提高。国内也有优秀的肉驴品种，对于种驴质量的评判，不能以国内或国外为标准，也不能以引进早晚为标准。

4. 认为大驴场的种驴比小驴场的种驴好

有人购买种驴首先看种驴场的规模。片面认为驴场规模越大，管理越规范，种驴质量越高；小驴场容易发生近亲交配造成退化，质量不可靠。一般来说，作为一个种驴场必须具备一定的规模。否则，群体太小，血缘难以调整，容易形成近交群并发生衰退现象。但是，也并非规模越大质量越高。这主要取决于该驴场原始群质量的高低、选育措施是否得当、饲养管理是否规范。如果以上几个方面落实不到位，什么规模的驴场也难以生产优质的种驴。而有些驴场尽管规模不大，由于非常注重选种选配，饲养管理精心，种驴质量也相当不错。但是，对于一个投资较大的驴场来说，从规模较小的驴场引种不宜太多，应选择几个驴场分别引种，以扩大种源，便于选育。

第二节　提高良种效益的主要途径

一、正确了解肉用种驴的分类

选种和选育在肉驴养殖中占有举足轻重的地位，好的品种在饲养过程中可以起到事半功倍的效果。我国肉驴品种按体形大小分为三类：大型驴、中型驴和小型驴。养肉驴宜选中型驴，次之为大型驴，而小型驴多作为制阿胶用驴，其肉也可投进市场。

二、做好种公驴的引种工作

在充分考察的基础上选择优秀公驴作为种公驴引进，引入种公驴后最初一段时期的饲养非常关键，主要任务是使种公驴尽快适应环境及快速恢复体能，为完成下一步的配种任务做准备。卸车时应防止损伤到种公驴，卸完后不要急于哄入圈舍，应在原地休息 30 分钟，再哄入圈舍，对体重过大或有爬跨行为的种公驴应单栏饲养。分完栏以后，就得对每头驴进行消毒，喷一些刺激性小的消毒药物，并由专人看护12小时以上，防止驴相互打斗。到场后12小时内不要给驴喂饲料，提供充足的清洁饮水，饮水中最好加一些电解质、多种维生素或饲喂青绿饲料，饲喂饲料要逐渐加量，用3~5天恢复至正常饲喂量。按程序做好驱虫和健胃工作，如发现有个别生病的驴要及时进行隔离和治疗。种公驴的饲料应依据驴的体重、品种，饲喂不同阶段的种驴料，不能喂育肥饲料或妊娠期母驴的饲料，公驴体重在达到90千克以后要限制饲喂量，并且在饲料中加入一些青绿饲料，还要保证每头种公驴每天有2小时的自由运动时间，提高其体质，促进种公驴发情。提高种公驴的配种能力，才能达到引种的目的。

三、做好种驴的调运工作

种驴调运大多是异地调运，在异地调运时种驴常常会出现一些应激反应，特别是日龄较小的驴驹经常会表现出典型的应激反应综合征。应激反应是以交感神经兴奋、垂体-肾上腺皮质分泌增多为主的一系列神经内分泌反应，能引起机体产生一系列机能和代谢的改变，导致机体出现病理性应激反应，甚至引起驴驹在运输过程中死亡。为提高异地调运种驴工作，提高异地转运时驴驹的存活率，保证调运种驴顺利到达目的地，尽快适应新环境，远距离调运种驴时必须做好相关工作。现就种驴异地调运提出如下建议：

1. 加强饲养管理与疾病防控

坚持预防为主，防重于治的原则。加强饲养管理，添加优质饲草料，饲喂清洁饮水。做好夏季防暑、冬季保暖、疾病防控、清洁消毒工作。

2. 转运时间的选择

运输环境的影响、两地气候条件的差异，常常引起种驴的应激反应。因此，长途运输一般选择天气凉爽的春、秋两季，最好避开高温或寒冷季节。从北方向南方转运驴多在秋季进行，从南方向北方转运驴多在春季进行。最好选择天气状况良好，无风或微风时进行运输。

3. 种驴的选择

购买种驴时选择体况良好、行走正常、品种优良、健康无疫的个体。由于国内缺乏驴的相关疫苗，有些驴在买卖过程已经处于疾病潜伏

期，在当地的气候和饲养管理条件下，驴不会表现出临床症状，但经过长途运输应激后发病率可高达 100%。因此，要在选购前做常规检查，肥胖、体温过高、流鼻液、咳嗽和精神沉郁的驴不建议选购。

4. 运输前的准备

远距离运输前要备好饲草料、饮水及相关药物，并将驴集中饲养一段时间，使驴状态稳定、互相亲和，建立起新的群体关系。

（1）饮水准备　远距离运输驴时，运输前给驴充足饮水，并做好运输过程中补水准备。

（2）转运前加强饲喂

1）提高日粮中钾的含量。在长途运输过程中，驴产生应激反应，对钾的需要量提高 20~30 倍。因此，在运输前应提高日粮中钾的含量。

2）添加维生素 C。在运输过程中，驴产生应激反应，合成维生素 C 的能力降低，而机体的需要量却增加；同时，补充维生素 C 还能促进食欲、提高抗病力、抑制应激时体温的升高，因而还可在日粮或饮水中添加维生素 C。

3）提高日粮中镁的含量。在机体内，应激的作用之一是促进大量钙离子进入神经细胞、肌肉组织，而特别重要的是进入心脏细胞，造成神经和所有肌肉细胞过度兴奋，这是常见的应激反应。而供给镁制剂可使镁离子与钙离子交换，从而降低驴的兴奋性。在驴转运前 3 天内饲喂镁含量较高的日粮，能有效地减少运输途中的损失。

（3）转运前使用镇静类药物　使用镇静类药物可以降低驴对外界刺激的敏感性，减轻应激反应。

5. 运输要求

（1）清洗消毒　运输车辆必须清洗干净并消毒。

（2）增加装车密度　适当增加装车密度可以限制驴的活动范围，减轻车辆颠簸和振荡，降低驴摇晃和相互剧烈碰撞，从而降低应激反应。如果装载的驴数量较少，可用绳索捆绑限制驴的活动范围。

1）单层运输。尽量避免双层运输，双层运输时，上层驴振动幅度大，应激反应更加强烈。

2）选择合适的线路。合适的线路可以保证车辆平缓行驶，避免急刹和突然提速太快。一般国道运输车辆时速应该控制在 60 千米/小时左右。

6. 到达后的处理

（1）接驴圈舍准备 准备好验收圈、隔离圈、饲养圈等相关圈舍。夏季要防暑降温，冬季要防寒保暖；加强通风换气，及时清洁消毒，降低舍内氨臭味，减少蚊蝇。养殖场准备好干净、新鲜、无发霉变质的优质饲草料。

（2）到场后降应激处理 卸载后，让驴自由活动，休息2小时左右，再给予清洁水饮用（冬季给予干净温水），有条件的可以添加电解多维和高剂量的维生素C等。5小时后可以给予优质的干草，在1周内不要饲喂具有轻泻性的青贮饲料、酒渣、鲜草和易发酵饲料，少喂精饲料，多喂干草，使驴吃六成饱即可。

（3）隔离新购进的驴 驴到场后，须隔离观察15天。在隔离期间，每天要深入驴群观察驴群精神状态，刚到场的驴可能会因环境不适出现感冒等其他症状，需要及时单独隔离。在衡量经济和饲养价值后做出治疗或淘汰处理，及时淘汰治疗价值不大的驴，以减少经济损失。待隔离期结束后，将无异常驴进行分圈，开始正常饲喂。

要加强饲养管理，配备足够的人力、物力、设施设备，做好兽医卫生防疫工作，车辆、人员、物资、驴及相关驴产品的进场、出场必须符合兽医卫生防疫要求。养殖场工作人员生产和生活必须遵守兽医卫生防疫要求。加强清洁卫生消毒工作，配备消毒防疫设施设备。丰富饲草料类别，长时间只喂一种饲草容易导致钙磷比例失衡、维生素及矿物质元素缺乏。按时按量投料，保障清洁饮水。

第四章
做好种驴饲养　向繁殖要效益

第一节　种驴管理与利用的误区

种公驴必须保持种用体况,使其具有旺盛的性机能和优良的精液品质,才能保证配种期内每天的采精或配种(1 周休息 1 天),从而完成全期 70~80 头母驴的配种任务。

一、种公驴的饲养管理误区

1. 不能满足营养需求

由于饲养经验、设施设备及饲养成本等方面的原因,一些养殖户在种公驴的日常饲喂中存在不能满足营养需求的问题,造成的后果就是种公驴不能很好地完成配种任务。在配制种公驴的日粮时,要减少饲草比例,加大精饲料比例,控制能量饲料,使精饲料在日粮中占总量的 1/3~1/2。配种任务大时,还需增加鸡蛋、牛奶、鱼粉、石粉及磷酸二氢钙等动物性饲料和矿物质饲料。为使精液品质在配种时能达到要求,应在配种开始前 30~45 天加强饲养,改善饲料品质。

2. 不能很好地处理种公驴的营养、运动和配种互相制约而又相对平衡的关系

种公驴营养、运动和配种互相制约而又相对平衡,一旦这种平衡的关系被打破,会引起种公驴营养不良或过肥的问题,长期如此,种公驴就会失去利用价值。正确的做法是:配种任务重时,可减少运动量,增加蛋白质饲料;配种任务轻时,则可增加运动量或适当减少精饲料,防止种公驴过肥。运动一般采用轻度使役或骑乘均可,也可在转盘式运动架上做驱赶运动,每天 1.5~2 小时。运动可提高精子活力,但配种(采精)前后 1 小时,要避免剧烈运动,配种后要牵遛至少 20 分钟。种公驴除饲喂时间外,其他时间可在运动场运动,不要拴系。

3. 过度使用种公驴

正常情况下,种公驴一般每天配种(采精)1次,每周休息1天,偶尔也可以1天内配种或采精2次,但2次配种或采精须间隔8小时以上。青年公驴的配种频率要比壮龄公驴低。总之,配种次数要依精液品质检查的结果而定。配种过度,会降低精液质量,影响繁殖力,造成不育,同时还会缩短种公驴的利用年限。

二、繁殖母驴的饲养管理误区

1. 喜欢购买大屁股的母驴

这种母驴不易发情,配种困难。还因背部下凹变形,不仅淘汰率高,而且泌乳性能比正常体形驴低10%左右,从而影响母驴的生产性能。一般选择四肢粗壮结实、体躯匀称、乳房发达的母驴作为后备母驴。

2. 将杂交商品代母驴留作种用

商品代杂交母驴主要用于育肥,其繁殖性能低下,不宜留作种用。建议生产者到管理水平较高的正规种驴场购买繁殖母驴作为后备母驴。

3. 后备母驴使用育肥驴饲料

后备母驴对维生素E、钙、磷、生物素等营养元素的需要量比育肥驴高,所以不能使用育肥驴饲料,而要饲喂专用的后备母驴饲料,才能满足它的营养需求,充分发挥生产性能。

4. 发情鉴定和配种不及时

发情鉴定和配种不及时导致母驴利用率低下,影响经济效益的提高。

第二节 提高种公驴配种效果的主要途径

选配是选种工作的继续,就是对动物的配对加以人工控制,使优秀个体获得更多的交配机会,并使优良基因更好地重新组合,促进动物的改良和提高。

一、做好种公驴的饲养

为确保种公驴具有旺盛的性机能和良好的精液品质,必须根据种公驴的配种特点及生理要求,在不同的时期给予不同的饲养管理,以使其

保持种用体况，不过肥或过瘦。

饲养对精液品质的影响需经过12~15天才能见效，因此，配种开始前1~2个月为准备期。在此期间，应对种公驴增加营养，减少体力消耗，积极为配种做好准备。

饲养期间，逐渐增加精饲料喂量，减少粗饲料的比例。精饲料应偏重于蛋白质饲料和维生素饲料，即酌情增加豆饼、胡萝卜和大麦芽等。配种前3周完全转入配种期饲养。准备期应根据历年配种成绩、膘情及精液品质等评定其配种能力并对其精液品质做进一步的检查，以安排本年度使用计划，对每头种公驴都应进行详细的精液品质检查。

每次检查应连续采精3次，每次间隔24小时。如发现精液品质不合格，应查清原因，在积极改进饲养管理的基础上，过12~15天再检查1次，直到合格为止。准备期应相应地减少种公驴的运动或使役强度，以储备体力。

二、做好种公驴的管理

除了饲喂以外，还要做好种公驴的管理工作。每次饲喂完毕后，要把每头种公驴单独牵出来，先饮水，然后再牵到运动场内，让它们自由翻滚，也就是人们常说的"驴打滚"，这对驴的生长发育能起到很好的作用。在每个驴舍外的运动场上，都有沙地和水泥地之分，沙地是为了让驴打滚设置的，要求平坦、无石子。而水泥地一般是为了下雨时驴有地方站。这里需要注意的是，每头种公驴都要用绳子单独拴住，且不能离得太近，要留有一定的距离，以免发生打架争斗现象。

每头种公驴每天要坚持运动以促进血液循环，保持体质健壮和正常生产。同时，还要坚持为种公驴刷拭皮毛。先扫去驴身上的灰尘，然后再用刷子刷，可按照由上到下、由左到右、由前到后的顺序进行，1天1次。每天刷拭，对促进驴的血液循环有很好的作用，同时也能及时发现有无表皮寄生虫和外伤。

另外，还要定期修蹄挂掌，保持蹄部清洁。只要将驴蹄修平即可，不能修得太深，更不能伤及蹄部的血管神经。一般1~2个月修蹄1次，必要时可挂掌护蹄。除此之外，驴舍内和运动场也要保持清洁，及时清除粪便和异物。

种公驴利用年限一般为6~8年。只有正确使用种公驴，才能延长种公驴的利用年限。

三、采用人工授精技术

人工授精技术可以使优秀的种公驴得到充分的利用，加速驴群品质的提高，减少种公驴的饲养成本，也能避免自然交配受胎率不高、诱发生殖系统疾病等问题。随着冷冻精液技术的成熟与推广，优秀种公驴的利用时间和利用地域也得到延伸。人工授精技术包括母驴发情鉴定、公驴精液采集、精液稀释、输精和妊娠检查5个方面的内容。以下主要介绍公驴精液采集方面的注意事项。

1. 种公驴准备和管理

供采精的种公驴要求毛色光亮，体态匀称，膘情适中，不能过肥更不能消瘦，性欲旺盛，精液品质良好，往期配种成绩优良。在配种季节开始前45天左右就开始逐渐增加精饲料喂量，减少粗饲料喂量，精饲料偏重于蛋白质和维生素营养的供给，如鸡蛋、牛奶、豆粕、胡萝卜、大麦等。为了避免种公驴不配合采精或者采不出精液的情况，要对种公驴进行训练，特别是第1次参加配种的公驴，要经过较长时间的调教才能胜任配种工作。调教好的种公驴饲养在宽敞、光照充分、通风良好并配有专门运动场的单圈内，每天确保1.5~2小时的轻度运动，此外的时间尽量让公驴在专属运动场内自由运动，经常检查生殖器防止发生破损和炎症，用冷水擦拭睾丸以促使精子的产生和增强精子的活力。1天采精1次，连续采精5~6天，休息1天。特殊情况也可1天采精2次，但2次采精间隔要在8小时以上。喂食或饮水后30分钟以内不要采精，采精后要牵遛20分钟左右。

2. 台母驴的选择

选择体格健壮、性情温顺而且正处于发情旺期的母驴作为台母驴能迅速刺激公驴，提高公驴性欲，也能提高精子数量和质量。也可用假台驴（彩图11）采精，更简便也更安全。

3. 假阴道的准备

安装好假阴道后，先用75%酒精消毒，待酒精挥发后，再用专用稀释液冲洗，然后进行假阴道调温、调压和润滑。灌入1500~2000毫升温水，调整假阴道内壁温度在39~41℃。吹气加压，使采精管大口内胎缩成三角形为宜。压力过大，阴茎不易插入；压力过小，公驴缺乏兴奋而不射精。用玻璃棒蘸润滑剂涂抹至假阴道内壁前 1/3，如果涂抹过深，润滑剂会污染精液。

4. 清洗公驴外生殖器

清水冲洗公驴外生殖器，再擦干或晾干。

5. 采精

采精人员站在台驴右侧，右手握采精桶，待公驴爬跨上台驴时，轻轻托公驴阴茎，导入假阴道，假阴道的角度要根据公驴阴茎情况调整，使阴茎在假阴道内抽动自如。

6. 收集精液

公驴射精后，立即打开假阴道气孔阀门，慢慢放气。精液全部流入集精杯内，用纱布封挡集精杯口，送入精液处理室进行检查、稀释或冷冻处理。具体操作可见视频 4-1。

视频4-1　公驴精液采集

第三节　提高繁殖母驴繁殖效果的主要途径

繁殖母驴通常采用群饲，有条件的情况下最好做到每头繁殖母驴都分槽定位。这里说的繁殖母驴是指空怀期母驴。繁殖母驴如果采食大量精饲料，运动不足，会造成过肥，引起生殖机能紊乱。

一、适时配种

1）配种的繁殖母驴须达 2 岁，体重在 150 千克以上。

2）把握准繁殖母驴的发情期，采纳"老早配，小晚配，不老不小中心配"的准则。

3）繁殖母驴产驹有必要掌握在温暖的春末夏初，即 3~7 月配种。

二、提高繁殖能力

1. 推广应用繁殖新技术

人工授精技术的推广，特别是冷冻精液的应用大大提高了种公驴的利用价值。在推广人工授精技术过程中，一定要遵守操作规程，发情鉴定、清洗和消毒器械、采精、精液处理、冷冻、保存及输精是一整套非常细致严密的操作，各环节密切联系，任何一个环节掌握不好，都能造成配种失配、不孕的后果。为了提高驴的繁殖力，应逐步应用适宜、成熟的繁殖新技术，如同期发情、胚胎移植、超数排卵、控制分娩、诱发发情、性别控制、基因导入、人工授精、胚胎冷冻及保存等技术。生殖激素的正确使用，可使患繁殖障碍的母驴恢复正常的生殖机能，从而保持和提高其繁殖力。以下为母驴人工授精步骤和注意事项。

（1）母驴外阴消毒

1）直肠检查或 B 超检查，发现处于卵泡成熟后期的母驴应尽快接受人工输精。将受配母驴保定在保定架内，母驴尾巴套袋或缠绕固定，用温水湿润外阴部位，见视频 4-2。

视频4-2 直肠检查

2）用清洁剂先把脏污冲掉，然后用手背边搓边冲。
3）用清水冲洗掉残留的清洁剂。
4）冲掉清洁剂后继续用水冲洗阴门处（翻开阴门冲洗掉残存的脏物）。
5）用新洁尔灭喷雾，消毒药作用 1 分钟后。再次清水冲洗。
6）自然风干或纸巾擦干。

（2）人工授精

1）输精操作人员修剪并磨光指甲，戴手套，涂抹润滑剂（徒手时手臂先用 0.1% 新洁尔灭消毒，再用温开水洗净）。

2）输精人员站在驴左侧，右手握住输精管，五指成锥形，缓缓插入母驴阴道内，快速握住子宫颈，将输精管插入子宫颈后慢慢送入，输精管到达子宫体或子宫角基部注入精液。左手握住注射器，抬高输精管注入精液。具体操作见视频 4-3。

视频4-3 母驴人工授精

【注意】

注射器、输精管等器械严格消毒，精液中不能混入空气，防止输精过程中的感染。每次输精液量为 15~20 毫升，但要保证有效精子数量达 2 亿~5 亿个。输精速度不宜过快，防止精液倒流。

2. 进行早期妊娠诊断，防止失配空怀

通过早期妊娠诊断，能够及早确定母驴是否妊娠，做到区别对待。对已确定妊娠的母驴，应加强保胎，使胎儿正常发育，可防止妊娠后发

情误配。对未妊娠的母驴，应认真及时找出原因，采取相应措施，不失时机地补配，减少空怀时间。

3. 减少胚胎死亡和流产

这个问题涉及的范围较广，也比较复杂，影响的因素很多。尚未形成胎儿的早期胚胎，在母驴子宫内一旦停止发育而死亡，一般被子宫吸收，有的则随着发情或排尿而被排出体外。因为胚胎消失和排出不易被发现，因此称为隐性流产。驴的平均流产率在10%左右，流产多发生在妊娠5个月前后，在这个时期避免突然改变饲养条件，合理使役或运动是有效的预防措施。有人建议在妊娠120天后皮下埋植300毫克黄体酮，对防止流产也可能是有效的。

妊娠后期要补饲胡萝卜及饼粕类饲料，临产前减少饲喂量，临产时一定要注意看护，找专业人员接生，确保不发生意外。

三、安全接产与分娩异常处理

1. 做好接产准备工作

母驴在分娩前半个月，让母驴在驴舍附近适当运动有利于分娩的顺利进行。产房保持适宜温度，准备好接产用品和消毒、止血等药品。发现有分娩征兆的母驴及时牵入产房。肉驴的分娩征兆是：妊娠母驴接近产期时，由于骨盆韧带松弛，腹部下陷，尾根两侧形成两个凹陷时两前肢伸出向外，阴门出现红肿松弛，有的排出黏液，行动缓慢，站立不安，有的前肢挠地、排尿次数增加、卧于一隅、回头视腹。

2. 做好分娩过程的护理工作

肉驴正常分娩一般不需助产（图4-1），接驹人员细心观察分娩母驴征兆是否正常，出现问题时进行必要的处理。驴驹出生后，立即除去口、鼻、耳部的黏液。引导母驴去舔驴驹背上的黏液，可以促进驴驹的血液循环、增加母驴认驹和恋驹性，具体过程见视频4-4。驴驹出生后尽快让驴驹吃初乳，初乳中含有丰富的蛋白质、脂肪等营养物质和抗体，具有抗病性和轻泻作用，对增强体质、抗病和排出胎粪有很重要的作用。驹驴出生十几分钟后就自动站起来，寻找母驴乳头，对弱驴驹要辅助站立。驴驹出生后脐带一般自行拉断，如果断头太长可用清毒过的剪子在10厘米处剪断，然后涂上碘酊，不用

视频4-4 扶住新生驴驹让母驴舔黏液

结扎，也可人工断脐。用于育种的驴，出生后就要测初生体重。为了识别母驴、驴驹，可在母驴与驴驹背毛上打印同一个临时编号。

图 4-1 正常分娩

3. 异常情况的处理

对假死的驴驹要及时进行抢救。首先迅速把驴驹口、鼻中的黏液或羊水清除掉，使其仰卧在前低后高的地方，手握驴驹的前肢，反复前后屈伸，用手拍打其胸部两侧，促使驴驹呼吸。也可向驴驹鼻腔吹气，或用草棍间断刺激鼻孔末端，都可使假死驴驹复苏。

如果母驴分娩后就死亡或无乳，最好找产期相近的母驴代哺或换驹，这样比人工哺乳好。人工哺乳是解决驴驹无乳的补救方法，可用牛奶、羊奶、奶粉或豆浆、小米面混加黄豆面等代替母乳，最好是现用现配，喂时要定时、定温、定量，温度为 36~39℃，每天喂 6~7 次，半月后逐渐增加乳量，减少饲喂次数。驴驹在出生后一定要排出胎粪，胎粪呈黄褐色、黏稠、有臭味，生后几小时应排出，如果初生的驴驹鸣叫、努责，有个别母乳不好和没吃过初乳的驴驹排出胎粪往往很费劲，可从肛门注入 20 毫升肥皂水，即可以排出。

四、做好哺乳母驴的饲养管理

1. 母驴的产后护理

要保持产房安静、干燥、温暖和阳光充足。用 2% 来苏儿（煤酚皂溶液）消毒，洗净并擦干母驴阴门、尾根、后腿等被污染的部位。观察胎衣排出情况，若 5~6 小时胎衣仍未排出，应请兽医诊治。产后用 0.5% 高锰酸钾溶液彻底洗净并擦干母驴乳房，让驴驹吃乳。褥草要经常更

换，做好驴床卫生。在产后 6 小时内应喂用温水加少量盐调成的麸皮粥或小米粥，产后前几天应给予少量质量好、易消化的饲料。此后 1 周，日粮中可逐渐加料直至正常。产后 6~14 天，应密切关注母驴发情、排卵情况，适时进行血配。

2. 哺乳母驴的饲养关键点

为提高泌乳力，应多补饲青绿多汁饲料，如胡萝卜、饲用甜菜、马铃薯等。有放青条件的应尽量利用，这样可节省大量精饲料。在驴泌乳期的 6~8 个月，哺乳母驴常在哺乳期即受胎，所以这段时间的饲养应比妊娠期更周到仔细。驴驹营养主要靠母乳提供，母乳充足，驴驹生长发育就快，体格健壮；反之，驴驹发育受阻，体格瘦弱。所以要根据母驴的营养状况、泌乳量的多少酌情增加精饲料量。初生至 2 月龄的驴驹，每隔 30~60 分钟应吮乳 1 次，每次 1~2 分钟，以后可适当减少吮乳次数。哺乳母驴的需水量很大，要饮好、饮足；加强运动，注意让母驴尽快恢复体力；如果人工挤乳，也要在 1 个月后进行，并对驴驹补饲代乳品。

第四节　肉驴杂交利用的主要途径

本品种选育是我国地方肉驴品种的基本繁育形式。只是在一些饲料条件良好的农区，不时用大、中型驴进行杂交，以期提高当地肉驴的品质。但也有不少杂交仅仅具有在本品种选育时导入新血的性质。驴种内通过选种选配、品系繁育、改善培育条件，借以提高优良性状的基因频率，改进品种质量。为防止驴种的退化，要根据具体情况，采用不同的选育方法。

一、驴常用的杂交方式

1. 血液更新

血液更新又称"血缘更新"，是防止近交退化的措施之一。对近交生活力衰退的个体，找有类似性状而无血缘关系的同品种驴交配一次，可以暂时停止近交，引入外血，在不改变原有近交群遗传结构的同时，使亲交后代具有较强的遗传力、生活力和生产力。对多年一直选留本场或本群公驴作种用繁殖的肉驴群，就应考虑采用此种方法，即用无亲缘、同品种优秀公驴配种繁殖。这是改进驴群质量，防止亲缘交配退化所必需的。血液更新的同时，要加强饲养管理和锻炼，才能收到良好的效果，避免生活力降低等问题。

2. 导入杂交

导入杂交也称冲血杂交、改良杂交、引入杂交。目的是纠正肉驴品种某些严重缺点，或摆脱亲缘交配而不改变原驴品种类型和特征。需注意导入的公驴品种、类型和被导入驴品种要基本相似，而且具备改进被导入驴品种的某一个性状品质。导入杂交，是在小型驴、中型驴分布的地区经常采用的手段。往往是引入中型驴或大型驴进行低代（1~2代）杂交，提高其品质，而不改变小型驴、中型驴耐劳苦、适应性强的特性。

3. 品系（族）繁育

品系繁育是为了育成各种理想的品系而进行的一系列繁育工作，可使有益性状得到巩固和发展，使驴种质量得到不断改进，免受近交危害，是保持下一代较强生活力的一种重要方法。品系繁育是选择遗传稳定、优点突出的公驴作为系祖，选择具备品系特点的母驴，采用同质选配的繁育方法进行。建系初期要闭锁繁育，亲缘选配以中亲为好，要严格淘汰不符合品系特点的驴，经过3~4代即可建立品系。建系时要注意多选留一些不同来源的公驴，以免后代被迫近交。品系建立后，长期的同质繁育会使驴的适应性、生活力减弱，这可通过品系间杂配得以改善。品族是指以一些优秀母驴的后代形成的家族。品族繁育在群中有优秀母驴而缺少优秀公驴，或公驴少、血统窄，不宜建立品系时采用。

二、专门化品系杂交

专门化品系杂交对分布在大、中型驴产区的小型驴实施，即用大、中型公驴配小型母驴。这些地区农副产品丰富，饲养条件相对优越，当地群众有对驴选种选配的经验。通过累代杂交，品质提高很快。

第五章
科学使用饲料　向成本要效益

第一节　肉驴饲料使用的误区

一、不考虑驴的消化特点和驴对饲料的利用特性

一些养殖户认为驴和牛、马、羊一样都是草食动物，饲喂同样的日粮就可以了。事实上，驴虽然是草食家畜，但消化生理和营养需要与牛、羊不同，有自己的特点。

肉驴的消化系统分为消化道和消化腺两部分。消化道由一条肌质管道和一些附属器官所组成。其中消化道包括口腔、咽、食道、胃、小肠、盲肠、大结肠、小结肠、直肠和肛门，参与消化的附属器官有牙齿、舌、唾液腺、肝脏和胰腺。

正常情况下，食糜在小肠接受胆汁、胰液和肠液多种消化酶的分解，营养物质被肠黏膜吸收，通过血液输往全身。驴的肠道粗细不均，如回盲口和盲结口较小，饲养不当或饮水不足会引起肠道梗死，发生便秘，这就要求要给驴正确调制草料和供给充足的饮水。

【注意】

驴的消化道在一天中要分泌大量的消化液（70~80升），其中唾液40升、胃液30升、胆汁6升。因此必须确保肉驴有充分的饮水，否则容易造成肠道消化液减少，导致便秘。

二、饲料配方不能满足驴的营养需要

一些养殖户不考虑肉驴的营养需要，直接用牛或者马的饲料喂驴，造成肉驴易生病、生长性能差等问题。事实上，驴对饲料的利用具有马

属家畜的共性。驴对粗纤维的利用率不如反刍家畜,二者相差 1 倍以上,但驴比马对粗纤维的消化能力高 30%,因而相对来说驴较耐粗饲;驴对饲料中脂肪的消化能力差,仅相当于反刍家畜的 60%,因而驴应选择脂肪含量较低的饲料。驴对饲料中蛋白质的利用与反刍家畜接近,如对玉米中的蛋白质,驴可消化 76%,牛为 75%;对粗饲料中的蛋白质,驴的消化率略低于反刍动物,如苜蓿蛋白质的消化率,驴为 68%,牛为 74%。这是因为反刍动物对非蛋白氮的利用率高于驴。日粮中纤维素含量超过 40%,则影响蛋白质的消化。与马、骡相比,驴的消化能力要高 20%~30%。

三、饲料质量不合格

饲料成本占肉驴养殖成本的 65%~70%,饲料原料的品质不仅是保证肉驴健康和安全的先决条件,而且是影响肉驴养殖效益的关键因素。肉驴常用饲料应严格按照饲料质量标准提供。实际生产中,把好饲料原料质量关,才能最大化地节约成本,提高效益。

四、添加剂使用不规范

饲料添加剂的使用事关畜产品安全,肉驴养殖者都应认真负责地做好饲料和畜产品安全工作。滥用添加剂,特别是药物添加剂,是导致动物食品中有毒、有害物质残留的重要原因,也是不合格饲料产生的一个重要因素,因此,必须规范使用饲料添加剂。

饲料添加剂使用不规范的情况有:

1. 添加剂的质量不合格

各种添加剂必须是正规厂家的产品,包装必须注明成分的名称、含量、适用范围、停药期及注意事项。感官上应该具备该有的色、味和形态特征,无发霉、结块、发酸、异味等情况。

2. 使用农业农村部规定允许使用的添加剂以外的品种

应用不规范、超范围、超剂量等现象必须严禁。微量元素的应用应慎重规范。严禁使用违禁药物并控制添加剂的使用量。对新研制的产品,应该取得农业农村部颁发的新饲料添加剂证书和省级饲料管理部门核发的批准文号,方可使用。

3. 使用违禁药物

国家明文规定在动物饲料和饮水中禁止使用的药品、兽药和化合物，共六大类 50 余个品种。违禁药物的使用，造成肉驴体内药物残留，最终影响人体健康，也会对环境造成污染，因此必须依法禁止。

第二节 提高饲料使用率的基本途径

一、熟练掌握肉驴的营养需要

营养需要是指动物在适宜的环境条件下，正常、健康生长或达到理想生产成绩对各种营养物质种类和数量的最低要求，它是一个群体平均值，不包括一切可能增加需要量而设定的保险系数。肉驴营养需要是指每头驴每天对能量、蛋白质、矿物质和维生素等营养物质的总需要量。

国内有关专家根据马的饲养标准拟定了 200 千克驴的饲养标准。其他大型或小型驴的营养需要可参考表 5-1。

表 5-1 驴的营养需要

项目	体重/千克	日增重/千克	日干物质采食量/千克	消化能/兆焦	可消化粗蛋白质/克	钙/克	磷/克	胡萝卜素/毫克
成年驴维持需要	200	—	3.0	27.63	112.0	7.2	4.8	10.0
妊娠末期 90 天母驴	—	0.27	3.0	30.89	160.0	11.2	7.2	20.0
妊娠前 3 个月母驴			4.2	48.81	432.0	19.2	12.8	26.0
妊娠后 3 个月母驴			4.0	43.49	272.0	16.0	10.4	22.0
哺乳驴驹 3 月龄	60	0.70	1.8	24.61	304.0	14.4	8.8	4.8
哺乳驴驹除母乳外需要			1.0	12.52	160.0	8.0	5.6	7.6
断奶驴驹（6 月龄）	—	0.50	2.3	29.47	248.0	15.2	11.2	11.0
1 岁驴驹	140	0.20	2.4	27.29	160.0	9.6	7.2	12.4

(续)

项目	体重/千克	日增重/千克	日干物质采食量/千克	消化能/兆焦	可消化粗蛋白质/克	钙/克	磷/克	胡萝卜素/毫克
1.5岁驴驹	170	0.10	2.5	27.13	136.0	8.8	5.6	11.0
2岁驴驹	185	0.05	2.6	27.13	120.0	8.8	5.6	12.4
成年驴（轻役）	200	—	3.4	34.95	112.0	7.2	4.8	10.0
成年驴（中役）	200	—	3.4	44.08	112.0	7.2	4.8	10.0
成年驴（重役）	200	—	3.4	53.16	112.0	7.2	4.8	10.0

以上标准还需要在生产中不断修正完善，即使是相关机构批准颁布的国家标准、地方标准和团体标准，也是针对某一特定体重和生产量拟定的数据指标，它不可能适应一切地区的所有驴，因此，饲养标准只有一定的参考价值。饲养者应因地制宜，灵活应用，不能生搬硬套，必须与观察饲养效果相结合，根据饲养效果适当调整日粮。

饲料中能被家畜采食、消化、吸收和利用的物质称为营养物质，通常分为以下六类。

1. 水分

水分是动物体中含量最多、最重要的成分。水在动物体内起溶剂的作用，将营养物质运送到身体各个部位，并将身体内的废物排出。由于饲料含水量的差异很大，从60克/千克到900克/千克，因此为了有效地比较饲料的营养成分，常以干物质计。

【注意】

驴必须每天饮水，每100千克体重需饮水5~10千克，饮水量是风干饲草摄入量的2~3倍。多饮水有利于减少消化道疾病，有利于肉驴肥育。

2. 蛋白质

蛋白质是组成机体一切细胞、组织的重要成分，机体所有重要的组

成部分都需要有蛋白质的参与。一般说，蛋白质约占机体全部质量的18%。

肉驴蛋白质摄入不足，会引起肉驴体重降低，产奶量降低，生产性能下降；正常繁殖性能受影响，表现为精子数量下降，品质下降，母驴不发情，性周期异常，不易受精；妊娠驴胎儿发育不良，易产生怪胎、死胎及弱胎，甚至流产。

3. 碳水化合物

日粮中的碳水化合物在动物营养中起着重要的作用，碳水化合物包括粗纤维、淀粉和糖类。粗纤维主要存在于粗饲料中，不易被消化利用，主要作用是填充胃肠，使驴有饱腹感，并刺激胃肠蠕动。淀粉和糖主要存在于粮食作物及其副产品中。碳水化合物是驴体组织、器官不可缺少的成分，又是驴体热能的主要来源。饲料营养成分表中的"无氮浸出物"，是指碳水化合物中除去粗纤维部分的营养物质。

4. 脂肪

脂类是存在于动植物组织中的物质，是能量的贮存形式，在饲料分析中它属于醚浸提物，也是母驴乳汁的主要成分之一。脂肪还是维生素A、维生素D、维生素E、维生素K和激素的溶剂，它们须借助于脂肪才能被吸收、利用，缺乏脂肪，将会出现这些维生素的缺乏症。

驴对脂肪的消化利用不如其他反刍家畜，因此含脂肪多的饲料（如大豆）不可多喂。

5. 矿物质

动物体内存在的矿物质元素大多数是自然界中天然存在的，它占体重的比例很小，但却是动物生命活动必需的物质。根据体内含量的多少，矿物质元素可分为两类：含量占动物体重0.01%以上的元素为常量矿物元素，包括钙、磷、钠、氯、钾、镁和硫；含量仅占动物体重0.01%及以下的元素为微量矿物元素，包括钴、铜、碘、铁、锰、钼、硒和锌。而铬、氟、硅、钒、砷、镍、铅和锡等元素，由于其需要量极微或者饲料草中的广泛分布，在正常饲养条件下不必考虑。

6. 维生素

维生素是机体维持正常生理功能不可缺少的一类有机物质，维生素并不能为机体提供热能,也不属于机体的构成物质,但具有多种生物学功能,参与机体内的许多代谢过程,动物需要足量维生素才能有效利用饲料中的养分。任何一种维生素的缺乏将会引起代谢紊乱,并导致某些特定的临床缺乏症状,也会影响机体的健康及生产性能。

目前已有 15 种维生素被公认为是动物生命活动所必需的,虽然其化学性质和生理功能各不相同,但根据它们的溶解性质可分为脂溶性维生素和水溶性维生素两大类。

(1)**脂溶性维生素** 脂溶性维生素包括维生素 A、维生素 D、维生素 E 和维生素 K。在动物体内,脂溶性维生素与脂肪一起吸收,并可在体内储存。

(2)**水溶性维生素** 水溶性维生素包括许多不同种类的化合物,如 B 族维生素、维生素 C 和胆碱。很多水溶性维生素或作为辅酶,或作为辅酶的构成物参与机体内的重要代谢。在常用饲料中,大多数水溶性维生素含量均较高,而驴体又有多吃多排的特点,正常的健康肉驴极少发生水溶性维生素缺乏。

二、正确了解肉驴常用的饲料及添加剂

根据肉驴饲料的营养成分特点和实用性,可将饲料分为精饲料、粗饲料和饲料添加剂三大类。常用饲料原料及营养价值见表 5-2。

表 5-2 肉驴常用饲料及营养价值

饲料名称	干物质(%)	消化能/(兆焦/千克)	可消化粗蛋白质(%)	钙(%)	总磷(%)
玉米	86.50	14.27	1.30	0.02	0.27
小麦	86.50	14.23	1.30	0.17	0.41
麸皮	87.00	12.10	1.40	0.10	0.93
大豆饼	86.50	13.98	38.90	0.50	0.73
黄豆	87.00	16.36	32.70	0.27	0.48
花生饼	88.00	14.39	41.00	0.25	0.53
棉籽饼	88.00	13.22	26.90	0.21	0.83
花生蔓	86.50	6.99	6.90	1.70	0.20

(续)

饲料名称	干物质（%）	消化能/（兆焦/千克）	可消化粗蛋白质（%）	钙（%）	总磷（%）
青甘薯蔓	22.10	0.88	0.60	0.17	0.11
干甘薯蔓	86.50	5.40	4.60	0.30	0.09
小麦秸秆	86.50	2.00	0.30	0.18	0.06
玉米秸秆	79.40	3.77	1.70	0.80	0.50
稻草	86.50	3.64	1.00	0.30	0.10
谷草	86.50	4.10	1.20	0.40	0.20
大豆荚皮	86.50	4.23	1.30	0.50	0.14
豌豆秸秆	86.50	3.01	4.30	1.60	0.30
玉米青贮	24.10	2.76	1.20	0.15	0.05
野青草	23.00	2.01	0.10	0.01	0.10
马铃薯	25.00	3.43	1.70	0.04	0.02
谷糠	86.50	5.40	4.60	0.30	0.07
苜蓿干草	91.10	7.81	15.83	1.70	0.28
青苜蓿	25.90	2.22	4.50	0.40	0.18

1. 精饲料

精饲料主要包括谷实类能量饲料、饼粕类蛋白质饲料、食品加工副产品饲料和块根块茎类饲料等，具有适口性好、易消化吸收、营养浓度高、纤维素含量低等特点。

（1）谷实类能量饲料 能量饲料是指每千克饲料干物质中消化能大于或等于 10.45 兆焦、粗纤维小于 18%、粗蛋白质小于 20% 的饲料。其营养特点是无氮浸出物含量高，为 60%~80%，主要成分是淀粉，蛋白质含量低，矿物质含量不平衡，钙少磷多。

常用的能量饲料主要是禾本科籽实，包括玉米、大麦、小麦、燕麦和高粱等。

1）玉米。玉米是重要的粮食作物，又是重要的饲料作物。属于高能饲料，具有良好的适口性，易消化，有"饲料之王"的美誉。玉米的淀粉含量为 65%~75%；粗蛋白质含量为 7%~9%，蛋氨酸含量高达 2.07%；赖氨酸含量达 2.76%；粗脂肪含量高达 3%~4%，且不饱和脂肪酸较多；维生素 B_1 含量高达 3.5 毫克/千克，维生素 B_2 和烟酸含量分别为 1.1 毫克/千克和 24 毫克/千克；钙、磷含量分别为 0.02% 和 0.24%。

2）大麦。大麦的淀粉含量为 52%~55%；粗蛋白质含量为 12.2%，氨基酸组成与玉米相近，但赖氨酸含量相对较高；粗脂肪含量为 1.7%。钙、磷含量分别为 0.14% 和 0.33%，稍高于玉米。

【小经验】

饲喂前，大麦需经过压扁或粉碎处理。大麦在肉驴的消化道内一般不能被完全消化，许多完整麦粒会随粪便排出，造成饲料浪费。压扁或粉碎处理后能提高消化率，也便于和其他饲料混合应用。

3）小麦。小麦淀粉含量为 66%~82%；粗蛋白质含量达 12% 以上；粗脂肪含量为 1.7%，略低于玉米；微量矿物质元素含量受种植环境影响很大，但普遍高于玉米；钙、磷含量分别为 0.12% 和 0.39%。小麦在动物饲料中的应用较少，这主要是因为人畜争粮、资源短缺、价格相对较高导致的。

4）燕麦。燕麦淀粉平均含量为 40%；粗蛋白质含量达 12%~18%，含有 18 种氨基酸，并包含人体所必需的 8 种氨基酸，其中赖氨酸含量是小麦、大米、玉米的 2 倍以上；粗脂肪含量达到 4%~7.4%，比其他类型禾谷类作物饲料要高，脂肪中含有大量不饱和脂肪酸，其中亚油酸含量占燕麦籽粒重的 3% 左右；无氮浸出物含量丰富，容易消化；钙、镁、铁、磷、锌等含量均高于小麦和玉米，营养价值高。

5）高粱。高粱的淀粉平均含量为 55%，粗蛋白质含量为 6%~9%，粗脂肪含量为 1.6%~4.1%，钙、磷含量分别为 0.1% 和 0.31%。但是高粱中含有抗营养因子单宁，其含量为 0.2%~1.5%，适口性差，可通过蒸汽压片、水浸、蒸煮等方法去除单宁，改善适口性。

（2）饼粕类蛋白质饲料　饼粕类蛋白质饲料是每千克饲料干物质中粗纤维的含量小于 18%、粗蛋白质的含量大于或等于 20% 的一类饲料。它的营养特点是蛋白质的含量比较高，一般为 35%~50%，钙少、磷多，B 族维生素含量比较丰富，维生素 A 和维生素 D 缺乏。这类饲料含有抗营养因子，饲喂时应注意加工工艺和饲喂方法。

常用的饼粕类蛋白质饲料主要有大豆饼粕、菜籽饼粕、胡麻饼粕、花生饼粕、葵花籽饼粕等。

1）大豆饼粕。大豆饼粕是大豆提取油后的剩余物。采取有机溶剂提取豆油之后的剩余物为大豆粕；采取压榨法提取油脂后的剩余物为大豆饼。大豆饼粕是目前我国使用量最多、应用范围最广的植物性蛋白质饲料，广泛地用于畜禽饲料中。它的营养特点是蛋白质含量在38%~46%、赖氨酸含量可达2.5%~3.0%，在饼粕类饲料中最高。大豆饼粕中含有抗营养因子，这些抗营养因子会影响饲料的适口性、转化率。但这些抗营养因子经适当的加热处理后就会失去作用（将大豆饼粕加热到100~110℃，3分钟即可）。

2）菜籽饼粕。菜籽饼粕的营养特点是粗蛋白质含量为33%~40%，粗脂肪含量为2.1%~9.5%，烟酸和胆碱含量高达160毫克/千克和6700毫克/千克，是其他饼粕类饲料的2~3倍。菜籽饼粕中含有抗营养因子适口性差。

3）胡麻饼粕。胡麻饼粕的原料是胡麻籽，又称亚麻子。胡麻饼粕的营养特点是粗蛋白质含量为33%~39%，维生素B_2含量为4.1毫克/千克，烟酸含量为39.4毫克/千克，泛酸含量为16.5毫克/千克，胆碱含量为1672毫克/千克，钙、磷含量分别为0.63%和0.84%，硒的含量为0.18毫克/千克。

4）花生饼粕。花生饼粕的营养特点是粗蛋白质含量为40%~55%，粗脂肪含量为0.6%~8.3%。

【注意】

花生饼粕易受霉菌污染产生黄曲霉毒素，使用时要注意黄曲霉毒素中毒问题。

5）葵花籽饼粕。葵花籽饼粕是向日葵籽经浸提或压榨提油后的残渣经粉碎而成。其饲用价值主要取决于脱壳的程度。葵花籽饼粕的营养特点是粗蛋白质含量为32%，粗纤维含量为12%左右；烟酸含量在所有饼粕类饲料中最高，是大豆饼粕的5倍；胆碱的含量较高，约为2800毫克/千克。

(3) 食品加工副产品饲料　主要包括糠麸类饲料和糟渣类饲料。

1)糠麸类饲料。糠麸类饲料是谷物的加工副产品,制米的副产品称为糠,制粉的副产品称为麸。它的营养特点是蛋白质含量比谷实类饲料高出50%,富含B族维生素,但缺乏维生素D和胡萝卜素。糠麸类饲料代谢能仅为谷实类的一半,吸水性强,易发霉变质。

① 麸皮。麸皮是小麦加工出面粉后的副产品。由小麦种皮、外胚乳、糊粉层、胚芽及纤维残渣等组成,占麦粒总重量的20%~30%。麸皮的粗蛋白质含量为11.4%~18%,粗纤维含量为9.1%~12.9%,B族维生素含量丰富,但维生素B_{12}缺乏。麸皮的营养价值与小麦品种有关,如冬小麦比春小麦含蛋白质高,红皮小麦比白皮小麦含蛋白质高;也因加工工艺、制粉程度、出粉率不同而异,出粉率越高,粗纤维含量越高,代谢能值越低。

② 大米糠。大米糠是良好的糠麸类饲料。大米糠代谢能值为11.3兆焦/千克,粗脂肪含量高达15%,其粗脂肪含量在所有谷实类饲料和糠麸类饲料中最高,粗纤维含量在9%左右,蛋白质含量在12%左右。大米糠的蛋氨酸含量高,是玉米的2倍左右,适宜与大豆饼粕配伍。

【注意】

> 大米糠的粗脂肪含量高,极易发生氧化酸败、发热、发霉,不宜久贮。饲喂变质的大米糠,可使动物中毒发生腹泻,重者可以死亡。

2)糟渣类饲料。糟渣类饲料的共同特点是水分含量高,不宜久贮和运输。糟渣类饲料经过干燥处理后,一般蛋白质含量在15%~30%,是比较好的饲料资源。

啤酒糟适口性较好,是高蛋白质饲料,蛋白质和矿物质的消化率较高,干物质中粗蛋白质含量为24%~26%,粗纤维含量为16.9%~18.3%,粗脂肪含量为4.4%~11.3%。同时,啤酒糟的钙含量低、钾含量低、有效磷含量高,所以适宜与钙,钾含量高的苜蓿等粗饲料混合饲喂。

(4)**块根块茎类饲料** 块根块茎类饲料营养特点是水分含量高达70%~90%,富含淀粉、糖和维生素,粗纤维含量低,无氮浸出物含量高,适口性好,消化率高,但蛋白质含量低。常用的块根块茎类饲料包括甘薯、木薯、胡萝卜、南瓜、大白菜等。

控制用量。此类饲料水分含量常超过90%，干物质含量低，不宜用量过多，利用时要与其他含水分较少、能量较高的饲料搭配饲喂。

1）甘薯。甘薯又叫红薯、白薯、山芋、红芋、红苕、地瓜。干物质含量为27%~30%，干物质中淀粉含量为40%，糖分含量为30%左右，而粗蛋白质只有4%，红色和黄色的甘薯含有丰富的胡萝卜素，达60~120毫克/千克，钙、磷缺乏。甘薯味道甜美、适口性好，煮熟后饲喂效果最好，生喂过量容易造成腹泻。

甘薯容易患黑斑病，给肉驴饲喂病甘薯可造成中毒。

2）木薯。木薯水分含量为60%左右，风干木薯含无氮浸出物78%~80%，粗蛋白质含量为2.5%左右，铁、锌含量高。木薯块根中含有苦苷，常温时在β-糖苷酶的作用下可产生葡萄糖、丙酮和氢氰酸。因此，应用时应做去毒处理。日晒2~4天可以减少50%的氢氰酸。煮沸15分钟以上可以去除95%以上的氢氰酸。

3）胡萝卜。胡萝卜水分含量约为88%，粗蛋白质含量为1.1%，含有较多的糖分和大量的胡萝卜素，是肉驴理想的维生素A的来源。胡萝卜洗净后生喂即可。

【注意】

胡萝卜特点是含水量高，易消化，有机物的消化率高，配合秸秆、干草喂驴，可提高适口性和饲料转化率。

（5）**精饲料加工** 精饲料加工是指以提高饲料适口性、配合均匀性和肉驴消化率为目的，对饲料原料进行的各种处理和操作。常用的方法有粉碎、蒸汽压片、膨化等。

1）粉碎。粉碎可以增加饲料的表面积，有利于动物的消化和吸收。粉碎可以使粒度相对整齐均匀，有利于提高混合均匀度，也有利于物理制粒等进一步加工。

2）蒸汽压片。蒸汽压片技术指将谷物经100~110℃蒸汽调制处理

30~60分钟，谷物水分含量达到18%~20%，再用预热的压辊碾成特定密度的谷物片，经干燥、冷却至安全水分含量后贮存。蒸汽压片的优点是增加饲料表面积，破坏细胞内淀粉结合氢键，提高淀粉糊化度，改善消化道对谷物淀粉的消化和吸收，改变谷物蛋白质的化学结构，有利于动物对蛋白质的利用。

3）膨化。膨化是对物料进行高温、高压处理3~7秒后减压，利用水分瞬时蒸发和物料本身的膨胀特性使物料的某些理化性质改变的一种加工技术。它分为气流膨化和挤压膨化两种。膨化的优点是细胞壁破裂，蛋白质变性，淀粉糊化度提高，从而使其营养物质消化利用率提高10%~35%；饲料中脂肪从颗粒内部渗透到表面，提高了饲料的适口性；杀灭细菌等有害微生物，同时破坏了胰蛋白酶抑制因子、红细胞凝集素、脲酶等抗营养因子的活性。

【注意】

膨化过程中会有一部分氨基酸被破坏，过度膨化会促进美拉德反应，使蛋白质消化率降低。

2. 粗饲料

粗饲料主要包括各类牧草、秸秆及秕壳饲料等。粗饲料是肉驴重要且不可缺少的饲料来源。

(1) 豆科牧草 豆科牧草具有蛋白质、维生素和矿物质含量高、产量高的特点，而且适口性好。

1）苜蓿。苜蓿属多年生豆科牧草，是人工栽培牧草中栽培历史最长、面积最大，且在动物饲养中发挥作用最大的牧草。它营养丰富、产草量高、适应性强、生长寿命长，因此被称为牧草之王。

2）三叶草。三叶草又名车轴草，属多年生豆科草本植物。三叶草茎叶细软，叶量丰富，粗蛋白质含量高，干物质含量与苜蓿相当，每公顷鲜草产量可达30~60吨。三叶草主要有两种类型：红花三叶草和白花三叶草。

【注意】

新鲜的苜蓿和三叶草含有皂角素，可在肉驴的胃及盲肠中形成大量泡沫样物质且不能排出，因此不能大量鲜饲。

(2) 禾本科牧草 禾本科牧草主要包括羊草、黑麦草、苏丹草、猫尾草、燕麦草、大麦草和小麦草等。禾本科牧草的生长条件比较宽泛，但干物质产量较低。禾本科干草的适口性及蛋白质和矿物质含量都低于相同生长时期收获的豆科牧草。

1）羊草。禾本科牧草以羊草为代表。羊草是多年生禾本科草本植物，盛产于我国东北平原、内蒙古高原东部及华北的山区、平原和黄土高原，适口性好。

2）黑麦草。黑麦草为禾本科黑麦草属，在春、秋季生长繁茂，草质柔软多汁，适口性好。目前我国有许多地区已开展黑麦草大面积种植。

3）燕麦草。燕麦草是燕麦属一年生草本植物，粮饲兼用，在我国主要分布于东北、华北和西北的高寒地区。燕麦草在抽穗期至乳熟前期收割，调制成干草，口感甜，适口性好，拥有甜干草的美誉。

(3) 秸秆 秸秆是主要农作物收获之后剩余的茎叶部分，主要包括玉米秸秆、高粱秸秆、小麦秸秆、大豆秸秆、稻草、谷草、红薯秧、花生秧等。相对来说，秸秆的营养价值和消化率较低，粗纤维含量较高，植物细胞木质化的程度较高，一般在30%~45%。但是我国作物秸秆的产量在7亿吨以上，作为饲料利用的还不足30%，因此秸秆用于养殖业开发潜力巨大。不同作物秸秆的营养价值，见表5-3。

表5-3 不同作物秸秆的营养价值（干物质，%）

饲料名称	干物质	粗灰分	可消化粗蛋白质	钙	磷	纤维成分			
						粗纤维	纤维素	半纤维素	木质素
玉米秸秆	96.1	7.0	9.3	0.6	0.1	29.3	32.9	32.5	4.6
稻草	95.0	19.4	3.2	0.21	0.08	35.1	39.6	34.3	6.3
小麦秸秆	91.0	6.4	2.6	0.16	0.08	43.6	43.2	22.4	9.5
大麦秸秆	89.4	6.4	2.9	0.35	0.10	41.6	40.7	23.8	8.0
燕麦秸秆	89.2	4.4	4.1	0.27	0.10	41.0	44.0	25.2	11.2
高粱秸秆	93.5	6.0	3.4			41.8	42.2	31.6	7.6

【注意】

秸秆饲料的蛋白质及矿物质含量等营养成分较低，因此，在饲喂肉驴时应注意精饲料和矿物质元素的补充。不同作物秸秆的矿物质含量，见表5-4。

表5-4 不同作物秸秆的矿物质元素含量

成分	稻草	小麦秸秆	大麦秸秆	玉米芯
钠（%）	0.02	0.14	0.11	0.03
氯（%）	—	0.32	0.67	—
镁（%）	0.40	0.12	0.34	0.31
钾（%）	—	1.42	0.31	1.54
硫（%）	—	0.19	0.17	0.11
铁/(毫克/千克)	300	200	300	210
铜/(毫克/千克)	4.1	3.1	3.9	6.6
锌/(毫克/千克)	47	54	60	—
锰/(毫克/千克)	476	36	27	5.6
钴/(毫克/千克)	0.65	0.08	0.26	—
碘/(毫克/千克)	—	—	—	—
硒/(毫克/千克)	—	—	—	0.08

【注意】

红薯秧、花生秧、向日葵茎叶花盘等农作物副产品在饲养中的使用要因地制宜，充分利用本地资源，时刻关注价格行情，以降低成本。

（4）干草调制 牧草类粗饲料经干燥处理，调制成干草，可长期贮存。干草调制方法大致分为自然干燥法和人工干燥法。

1）自然干燥法。自然干燥法是指通过阳光暴晒、通风等自然条件，使高水分鲜青草含水量降到15%以下的加工方法。具体操作见视频5-1。

视频5-1 将紫花苜蓿放在田间摊平晾晒

牧草刈割后在原地或另选地势较高处晾晒风干（彩图12），此时含水量为40%~50%。当豆科牧草含水量降至35%~40%、禾本科牧草含水量在30%左右时，用搂草机搂成草条继续翻晒。在多雨地区，牧草收割时用地面干燥法调制干草不易成功，可以在专门制作的干草架上进行晾晒。当干草水分达到一定要求时，开始打捆，同时应考虑牧草品种和收获时当地气候条件。一般来说，当田间的干草含水量在22%~25%时，可打松散捆，密度一般控制在130千克/米³以下，打好的草捆可留在田间继续干燥，待草捆含水量降至安全存放标准时再运回堆垛。当田间的干草含水量在17%~22%时，可打致密捆，草捆密度可在200千克/米³以上。这样的草捆不需在田间继续干燥，可立即装车运走堆垛。

【注意】

捡拾打捆作业最好在早晨和傍晚进行，以减少捡拾打捆时干草落叶损失。相对空气湿度太大、露水较多时不宜进行，否则易造成草捆发霉。

【提示】

草捆垛中间部分应高出一些，形成15%~20%的坡度，而且草捆垛长轴垂直于主导风向。在贮存期间，通过阴干、拆捆、倒垛、通风等方式将含水量逐步降到15%以下的安全贮存标准，方可长期贮存。

2）人工干燥法。人工干燥法是利用鼓风机、烘干机等设备使高水分鲜青草含水量达到15%以下的加工方法，主要有常温鼓风干燥和高温快速干燥。常温鼓风干燥是指利用鼓风机通过草堆中设置的栅栏通风道，强制吹入空气，实现干燥。常温鼓风干燥适于干草收获时期，在相对空气湿度低于75%和温度高于15℃的地方使用。当相对空气湿度高于75%，鼓风用的空气应适当加温。干草棚常温鼓风干燥的牧草质量优于晴天野外调制的干草。高温快速干燥是将含水量为80%~85%的新鲜牧草置于烘干机内烘数秒钟至数分钟，即可使含水量下降到5%~10%，对牧草的营养物质含量及消化率几乎无影响。

(5) 青贮饲料调制技术

1）青贮饲料的基本原理。青贮饲料是指将一定水分含量的牧草、饲料作物或农副产物等,切碎装入密闭的容器内,通过原料中含有的糖和乳酸菌在厌氧条件下进行乳酸发酵的一种饲料。青贮饲料通过有效的乳酸发酵,产生 pH 和乳酸,以及一定的二氧化碳和氮,既可使饲料长期安全贮存,又可保持最低的养分消耗。

2)青贮饲料的特点与作用。

① 营养损失较少。青饲料适时青贮,其营养成分一般只损失 10% 左右。

② 适口性好,消化率高。同样的原料,调制出青贮饲料的干物质及其他营养成分含量均高于干草,粗脂肪和粗纤维的消化率更高。

③ 青贮饲料单位容积内贮存量大。1 米^3 青贮饲料的质量为 450~700 千克,其中含干物质 150 千克,而 1 米^3 干草仅为 70 千克,约含干物质 60 千克。1 吨苜蓿青贮的体积为 1.25 米^3,而 1 吨苜蓿干草的体积为 13.3~13.5 米^3。

④ 青贮饲料可以长期贮存,不受气候和外在环境的影响。

⑤ 牲畜饲喂青贮饲料后,毛光亮,可减少消化系统和寄生虫病的发生。

由于青贮饲料具有上述特点和作用,所以许多冬、春季寒冷的国家(如美国、俄罗斯、加拿大)大量制作青贮饲料,一些气候温暖的国家(如日本、英国、荷兰等),也广泛利用青贮饲料,甚至常年饲喂。他们认为,利用青贮饲料机械化程度高,饲料成本低于青割饲料,饲料供应稳定,牲畜营养平衡,可以持续、稳定高产。

3)青贮饲料调制技术。

① 原料的选择。制作青贮饲料的原料,首先要求是无毒、无害、无异味、可以做饲料的青绿植物。其次,青贮原料必须含有一定的糖分和水分。青贮发酵所消耗的葡萄糖只有 60% 变为乳酸,即每形成 1 克乳酸就需要 1.7 克葡萄糖。如果原料中没有足量的糖分,就不能满足乳酸菌繁殖的需要。因此,青贮原料中的含糖量至少应占鲜重的 1.5%。

青贮原料的含水量也是影响乳酸菌繁殖快慢的重要因素。如果水分不足,青贮时原料不能踩压紧实,窖内残留空气较多,就为好气菌繁殖创造了条件,引起饲料发霉腐烂。但如果水分过多,原料易压实结块,利于酪酸菌的繁殖活动;同时植物细胞易被挤压流失,使养分损失,影响青贮饲料的质量。青贮原料的适宜含水量为 65%~70%。

【提示】

　　青贮原料如果含水量过高，可在收割后于田间晾晒1~2天，以降低含水量。遇阴雨天不能晾晒时，可以添加一些秸秆粉或糠麸类饲料，以降低含水量。

青贮原料如果含水量不足，可以添加清水（井水、河水、自来水）。加水量要根据原料的实际含水量计算。计算方法为：以原料为100，与加水量之和为分母，原料中的实际含水量与加水量之和为分子，相除所得商，即为调整后的含水量。

②青贮设施。青贮设施是指装填青贮饲料的容器，主要有青贮窖、青贮壕、青贮塔、地面青贮设施及青贮袋等。对这些设施的基本要求是：位置要选择在地势高燥、地下水位较低、距离畜舍较近，而又远离水源和粪坑的地方。装填青贮饲料的建筑物要坚固耐用，不透气，不漏水。尽量利用当地建设材料，以节约建造成本。

③操作步骤。制作青贮饲料是一项时间性很强的工作，要求收割、运输、切短、装窖、踩实、封窖等操作连续一次性完成。青贮原料（苜蓿）捡拾装车操作见视频5-2。下面介绍几种青贮的制作方法。

视频5-2　苜蓿青贮捡拾装车

a. 玉米秸秆青贮。玉米秸秆青贮不但是草食家畜冬春季节优质的饲料来源，而且还可以防止因秸秆焚烧带来的资源浪费和环境污染，是秸秆变废为宝的有效利用途径，值得大力推广。

第1步，适时收割。玉米秸秆是一种优良的青贮饲料作物秸秆，从乳熟期到蜡熟期的玉米都可以制成品质优良的青贮饲料。目前大多数利用收穗后的玉米秸秆调制成青贮饲料。当玉米果穗成熟且玉米秸秆下部仅有1~2片叶变黄时收割，此时能获得最大的营养物质产量，并且水分和碳水化合物含量适当，有利于乳酸菌发酵，易于制成优质青贮饲料。

【注意】

　　收获时应剔除已整株枯黄或霉烂变质的玉米秸秆。

第 2 步，切短。玉米秸秆收获后应立即运往青贮地点，用青贮切割机切短（彩图 13），长度小于 3 厘米，利于装填压实，造成厌氧环境，便于取用。另外，可迅速排出一部分汁液，利于乳酸菌发酵。

第 3 步，青贮装填压实（彩图 14）。切短的原料应立即装填入窖，以防水分损失。如果是土窖，窖的四周应铺垫塑料薄膜，以免饲料接触泥土被污染和饲料中的水分被土壤吸收而发霉。砖、石、水泥结构的永久窖则不需铺塑料薄膜。原料入窖时应逐层装入，由专人将原料摊平，每层装至 15~20 厘米厚时即可踩实，尤其注意窖的边缘和四角，越压实越容易造成厌氧环境，越有利于乳酸菌活动和繁殖。如遇有风天气，往往会造成茎叶分离，应及时把茎叶充分混合。装填的原料的含水量要达到 65%~70%，水分不足时，要及时添加清水，并与原料搅拌均匀；水分过多时，要添加一些干饲料（如秸秆粉、糠麸、草粉等），把含水量调整到标准含水量。装填过程越快越好，一般在 1~2 天内完成。具体操作见视频 5-3。

视频5-3　紫花苜蓿青贮装窖压实

【注意】

压实是成功制作青贮饲料的关键步骤，有条件的可利用机械设备，紧实程度以发酵完成后，饲料下沉不超过窖深的 10% 为宜。

第 4 步，封窖与管理。原料高出窖口 40~50 厘米，长方形窖形成鱼脊背式，圆形窖成馒头状，踩实后覆盖塑料薄膜，要将青贮原料盖严实，然后再盖细土或者用废旧轮胎均匀覆盖（彩图 15）。盖土时要由地面向上部盖，使土层厚薄一致，并适当拍打踩实。覆土厚度为 30~40 厘米，表面拍打坚实光滑，以便雨水流出。要把窖四周多余泥土清理好，挖好排水沟，防止雨水流入窖内。封窖后 1 周内要经常检查，如有裂缝或塌陷，及时补好，防止通气或渗入雨水。

青贮饲料开窖前，要注意保护窖顶及周边不要被破坏。开窖后要将取料口用木杆、草捆覆盖，防止牲畜进入或掉入泥土，保持青贮饲料干净。

b. 拉伸膜裹包青贮（彩图 16）。拉伸膜裹包青贮的原理是将收割好的新鲜苜蓿或者玉米秸秆等各种青绿植物用裹包机高密度压实打捆，然后用牧草缠绕膜裹包起来，造成一个最佳的发酵环境。经过这样打捆裹包起来的牧草，处于密封状态，在厌氧条件下，经 3~6 周，pH 降到 4，此时所有的微生物活动均停止，最终完成乳酸自然发酵的生物化学过程，取得满意的青贮效果，并可长期稳定贮存，可在野外堆放贮存 1~2 年不变质。成功的拉伸膜裹包青贮应达到以下标准：pH 为 4，水分含量为 50%~65%，乳酸含量为 4%~7%，醋酸含量小于 2.5%，丁酸含量小于 0.2%，氨态氮占总氮含量的 5%~7%，灰分小于 11%。

与传统的窖装青贮比，拉伸膜裹包青贮有浪费损失少，制作灵活方便，青贮饲料的营养价值高，品质好，对环境污染小，贮存期长，便于利用和运输的优点。具体的拉伸膜裹包青贮操作见视频 5-4。

视频 5-4　拉伸膜裹包青贮

4）青贮饲料品质鉴定。青贮饲料品质的优劣与青贮原料的种类、刈割时期及调制技术有密切的关系。正确青贮，一般经 30 天的乳酸发酵，就可以开窖使用。通过品质鉴定，可以检查青贮技术使用是否正确。品质鉴定可分为感官鉴定与实验室鉴定。

① 感官鉴定。通过对青贮饲料的气味、色泽、质地、结构等的观察与触摸，利用感官评定其品质的优劣。这种方法简便易行，不需要仪器设备，在生产实践中被普遍采用。青贮饲料感官鉴定标准见表 5-5。

表 5-5　青贮饲料感官鉴定标准

等级	优等	良好	一般	劣等
气味	舒适甘酸味	淡酸味	刺鼻酒酸味	腐败霉烂味，刺鼻臭味
色泽	黄绿色	黄色	黄褐色	暗褐色
质地	松散柔软，不粘手	湿润柔软	发湿，略带黏性	发黏，滴水
结构	茎、叶保持原状	柔软，湿润	柔软，水分较多	腐烂成块

② 实验室鉴定。主要内容为 pH、各种有机酸含量、微生物种类和数量、营养物质含量及消化率等，详见表 5-6。

a. pH。pH 是衡量青贮饲料品质优劣的重要指标之一。优质青贮饲料的 pH 要求在 4.2 以下。超过 4.2（半干青贮除外），说明在发酵过程中，腐败菌、酪酸菌等活动较强烈。劣质青贮饲料的 pH 高达 5~6。测定 pH 时，在实验室可用精密仪器，在生产现场也可以用石蕊试纸测定。

表 5-6 青贮饲料实验室鉴定标准

项目	要求
干物质（%）	25~40
可消化粗蛋白质（%）	>6.5
ADF（中性洗涤纤维，%）	<40.0
NDF（酸性洗涤纤维，%）	<64.0
pH	3.8~4.2
乙酸（%）	<2.0
丙酸（%）	<0.1
丁酸（%）	<0.1
乳酸（%）	4.0~7.0
乙醇（%）	1~3
乳酸（总酸量，%）	70
氨态氮（总氮，%）	5~7
RFV（相对饲喂价值，%）	>85

b. 有机酸含量。有机酸是评定青贮饲料品质的重要指标。

5）青贮饲料饲喂方法。青贮饲料饲喂时应注意以下几点。

① 每天取用饲料的厚度不少于 20 厘米，要一层层取用，绝不能挖坑或翻动饲料。若驴少喂量少时，可以联户饲喂。

② 饲料取出后立即用塑料薄膜覆盖压紧，以减少空气接触饲料。窖口用草捆盖严实，防止灰土落入和牲畜误入窖内。

③ 气温升高后易引起二次发酵，所以质量一般和劣等的青贮饲料，要在气温低于 20℃时喂完。

④ 防止二次发酵的重要措施是饲料中水分含量在 70% 左右，糖分含量高，乳酸量充足，踩压坚实，每立方米青贮饲料质量能在 600 千克以上。所以，小型窖因踩压不实，易引起二次发酵。

没有喂过青贮饲料的肉驴，开始饲喂青贮饲料时多数不爱吃，必须经过一个驯食阶段。即在肉驴空腹时，第1次先用少量青贮饲料混入干草中，并加少量精饲料，充分搅拌后，使肉驴不能挑食。如此由少到多，逐渐增加，经过7~10天不间断饲喂，多数肉驴都能习惯或喜食。饲喂青贮饲料千万不能间断，以免窖内饲料腐烂变质和肉驴因频繁变换饲料引起消化不良或生产不稳定。

在高寒地区冬季饲喂青贮饲料时，要随取随喂，防止青贮饲料挂霜或冰冻。不能把青贮饲料放在0℃以下地方。如已经冰冻，应在暖和的屋内化开冰霜后才能饲喂，绝不可喂冻结的青贮饲料。冬季寒冷且青贮饲料含水量大，肉驴不能单独大量饲喂，应混拌一定数量的干草或铡碎的干玉米秸秆。饲喂过程中，如发现肉驴有腹泻现象，应减量或停喂，待恢复正常后再继续饲喂。

3. 肉驴常用的饲料添加剂

（1）矿物质饲料添加剂

1）常量矿物质饲料添加剂。这是一类能提供常量矿物质元素的饲料添加剂，见表5-7。

表5-7 常量矿物质饲料添加剂

名称	含量	特点
贝壳粉	钙33%~38%	又称贝粉和牡蛎粉，是贝壳加工粉碎而成，颜色为灰色至灰白色，主要成分为碳酸钙
石粉	钙34%~39%	石灰石制成，颜色为白色或灰白色
石膏	钙20%~30%	主要成分为硫酸钙，有二水和无水之分，化学式为$CaSO_4 \cdot 2H_2O$和$CaSO_4$。主要作为动物食用的钙源和硫源，补充钙元素和硫元素的不足
磷酸氢钙	磷≥18%，钙≥21%	白色粉末，无臭无味。通常以二水合物（化学式为$CaHPO_4 \cdot 2H_2O$）的形式存在
磷酸二氢钙	磷≥20%，钙≥15%	无色三斜片状、粒状或结晶性粉末，纯品时不吸潮，但含有微量杂质，含有磷酸时能潮解
磷酸钙	磷≥15%，钙≥29%	化学式为$Ca_3(PO_4)_2$，白色晶体或无定形粉末

（续）

名称	含量	特点
食盐	氯60.3%，钠39.7%	白色晶体，饲料级食盐含氯化钠95%。相对湿度达75%以上时，食盐易潮解
碳酸氢钠	钠27%	又称小苏打，化学式为$NaHCO_3$，为白色细小晶体，起缓冲作用，调节饲料电解质平衡和胃肠道pH
氯化钾	钾52.3%，氯47.6%	白色结晶小颗粒粉末，外观似食盐，无臭、味咸，易溶于水，有吸湿性。主要功能是补充机体钾、氯，维持体液电解质平衡
氯化镁	镁74.5%，氯25.4%	无色结晶粉末，无臭，有苦碱味。溶于水和乙醇。水溶液呈中性。加热失去水和氯化氢而变成氧化镁，极易潮解
磷酸氢二钾	钾28.7%	无色或白色结晶，无臭，易溶于水，水溶性呈微碱性，微溶于醇，有吸湿性。主要用于补磷、补钾，调节动物体内阴阳离子平衡
氧化镁	镁54%	常温下为一种白色固体粉末，无臭、无味、无毒，是应用广泛的无机镁源

2）微量矿物质饲料。能提供微量矿物质元素的饲料称为微量矿物质饲料。在选择各种微量元素添加剂时，要考虑其来源元素含量和理化性质。肉驴常用微量矿物质饲料见表5-8。

表5-8 肉驴常用微量矿物质饲料

元素	化学式	元素含量	理化性质
铁	$FeSO_4 \cdot 7H_2O$	≥19.7%	七水硫酸亚铁是蓝绿色单斜结晶或颗粒。无水硫酸亚铁是白色粉末，含结晶水的是浅绿色晶体，晶体俗称绿矾，加热至64.4℃后转化为一水硫酸亚铁，300℃时转化为硫酸亚铁。在干燥空气中易风化，在潮湿空气中易氧化
	$FeSO_4 \cdot H_2O$	≥30.0%	
铜	$CuSO_4 \cdot H_2O$	≥35.7%	五水硫酸铜俗称蓝矾、胆矾或铜矾。有毒，使用时要避免与人眼和皮肤接触及吸入体内。长期贮存的硫酸铜易结块
	$CuSO_4 \cdot 5H_2O$	≥25.0%	
锰	$MnSO_4 \cdot H_2O$	≥31.8%	硫酸锰为白色带粉红色的粉末状结晶，易溶于水，在高温高湿环境下易结块。吸入、摄入或经皮吸收有害，具有刺激作用

(续)

元素	化学式	元素含量	理化性质
锌	$ZnSO_4 \cdot 7H_2O$	≥22.0%	硫酸锌为无色或白色结晶、颗粒或粉末，别名皓矾，无气味，味涩。在干燥空气中风化，280℃失去全部结晶水，500℃以上分解。对眼有中等度刺激性，对皮肤无刺激性。氧化锌为白色粉末或六角晶系结晶体，无臭无味，无砂性。应在干燥处存放
	ZnO	≥76.3%	
钴	$CoCl_2 \cdot H_2O$	≥39.1%	一水氯化钴为粉红色至红色结晶，无水物为蓝色，微有潮解性，易溶于水、乙醇、乙醚、丙酮和甘油。易吸湿结块，贮存时注意干燥
碘	$Ca(IO_3)_2 \cdot H_2O$	≥61.8%	碘酸钙为白色结晶或粉末，无臭，微溶于水，化学性质稳定，生物利用率好。在使用碘源饲料时要避免释放出游离碘，不要在高温高湿环境下装卸和混合；碘化钾与碘化钠生物利用率好，但性质不稳定
	KIO_3	≥59.2%	
	KI	≥76.4%	
	NaI	≥84.6%	
硒	亚硒酸钠	≥44.7%	亚硒酸钠外观是白色结晶或结晶性粉末，易溶于水，有剧毒；酵母硒属于有机硒，使用效果好，但价格偏高
	酵母硒	有机形态硒≥0.1%	

（2）维生素类添加剂　维生素类添加剂详见表5-9。

表5-9　维生素类添加剂

维生素种类	添加剂名称	单位换算	含量	性质
维生素A	维生素A乙酸酯	1国际单位＝0.344微克维生素A乙酸酯	50万国际单位/克	维生素A乙酸酯干粉是一种流动性好的浅黄色精细球形颗粒状粉末，无异味。遇空气、热、光、潮湿易分解，贮存在阴凉干燥处，开包尽快用完
维生素D_3	维生素D_3	1国际单位＝0.025微克晶体维生素D_3	50万国际单位/克	褐色微粒，遇空气、热、光、潮湿易分解，开包尽快用完。原包装产品可使用1年
维生素E	DL-α-生育酚乙酸酯	1国际单位＝1毫克DL-α-生育酚乙酸酯	50%	白色或浅黄色粉末，遇光和潮湿不稳定。开包尽快用完。原包装产品可使用1年

三、熟练掌握肉驴饲料品质的鉴定方法

饲料成本占肉驴养殖成本的 65%~70%，饲料原料的品质不仅是保证肉驴健康和安全的先决条件，而且是影响肉驴养殖效益的关键因素。因此必须了解肉驴常用饲料的质量标准。实际生产中，把好饲料原料质量关，才能最大化地节约成本，提高效益。

1. 玉米

（1）**感官性状**　籽粒饱满，整齐均匀，呈黄色或白色，回味甜。色泽新鲜一致，无发酵、霉变、虫蛀、结块、发热，无异味、异臭，无掺杂掺假。

（2）**理化指标**　见表 5-10。

表 5-10　玉米理化指标

等级	容重/（克/升）	粗蛋白质（干基，%）	不完善粒（%）		水分（%）	杂质（%）	色泽、气味
			总量	其中生霉粒			
一级	≥710	≥10.0	≤5.0	≤2.0	≤14.0	≤1.0	正常
二级	≥685	≥9.0	≤6.5				
三级	≥660	≥8.0	≤8.0				

2. 膨化玉米

（1）**感官性状**　色泽一致，无发酵、霉变发热，无异味、异臭，无掺杂掺假。

（2）**理化指标**　见表 5-11。

表 5-11　膨化玉米理化指标

等级	水分（%）	粗蛋白质（干基，%）	容重/（克/升）	粗灰分（%）	糊化度（%）
低膨化度	≤12.0	≥7.0	≥500	≤3.0	≥70.0
中等膨化度	≤10.0	≥8.0	≥300	≤3.0	≥90.0
高膨化度	≤8.0	≥10.0	≥100	≤3.0	≥100.0

3. 大麦

（1）**感官性状**　黄褐色，有光泽，具有新鲜带甜大麦味，色泽新

鲜一致，无发酵、霉变、虫蛀、结块、发热，无异味、异臭，无掺杂掺假。

（2）理化指标 见表5-12。

表5-12 大麦理化指标

等级	粗蛋白质（干基，%）	粗纤维（%）	粗灰分（%）	杂质含量（%）	水分（%）
一级	≥7.0	<5.0	≤3.0	≤3.0	≤13.0
二级	≥8.0	<5.5	≤3.0	≤3.0	
三级	≥10.0	<6.0	≤3.0	≤3.0	

注：粗蛋白质、粗纤维、粗灰分三项指标均以78%干物质为基础计算。

4. 小麦

（1）感官性状 籽粒饱满，回味甜，色泽新鲜一致，无发酵、霉变、虫蛀、结块、发热，无异味、异臭，无掺杂掺假。

（2）理化指标 见表5-13。

表5-13 小麦理化指标

等级	粗蛋白质（干基，%）	粗纤维（%）	粗灰分（%）	杂质含量（%）	容重/（克/升）	水分（%）
一级	≥14.0	<2.0	≤2.0	≤1.0		
二级	≥12.0	<3.0	≤2.0	≤1.0	≥750	春小麦≤13.5冬小麦≤12.5
三级	≥10.0	<3.5	≤3.0	≤1.0		

注：粗蛋白质、粗纤维、粗灰分三项指标均以78%干物质为基础计算。

5. 豆粕

（1）感官性状 浅黄褐色或浅黄色碎片状或粗粉状，色泽一致，具有烤大豆香味，无生豆及焦煳味，回味甜，无发酵、霉变、虫蛀、结块、发热，无异味、异臭，无掺杂掺假。

（2）理化指标 见表5-14。

6. 芝麻粕

（1）感官性状 褐色粗粉状或碎片状，外观新鲜一致，具有芝麻甜香味，不能有焦煳味，色泽一致，无发酵、霉变、虫蛀、结块、发热，无异味、异臭，无掺杂掺假。

表 5-14　豆粕理化指标

种类	等级	水分（%）	粗蛋白质（干基，%）	粗纤维（%）	粗灰分（%）	尿素酶活性（以铵态氮计）/[毫克/(分·克)]	氢氧化钾蛋白质溶解度（%）
带皮大豆粕	一级	≤12.0	≥44.0	≤7.0	≤7.0	≤0.3	≥70.0
带皮大豆粕	二级	≤13.0	≥42.0	≤7.0	≤7.0	≤0.3	≥70.0
去皮大豆粕	一级	≤12.0	≥48.0	≤3.5	≤7.0	≤0.3	≥70.0
去皮大豆粕	二级	≤13.0	≥46.0	≤4.5	≤7.0	≤0.3	≥70.0

注：粗蛋白质、粗纤维、粗灰分三项指标均以88%或87%干物质为基础计算。

（2）**理化指标**　见表5-15。

表 5-15　芝麻粕理化指标

等级	粗蛋白质（干基，%）	粗脂肪（%）	粗纤维（%）	粗灰分（%）	水分（%）
一级	≥44.0	≤4.0	≤9.0	≤7.0	≤12.0
二级	≥38.0	≤4.0	≤9.0	≤7.0	≤12.0
等外	<38.0				

注：粗蛋白质、粗纤维、粗灰分三项指标均以88%干物质为基础计算。

7. 花生粕

（1）**感官性状**　黄褐色或浅褐色碎屑状。色泽新鲜一致，回味甜。无发酵、霉变、虫蛀、结块、发热，无异味、异臭，无掺杂掺假。

（2）**理化指标**　见表5-16。

表 5-16　花生粕理化指标

等级	粗蛋白质（干基，%）	粗纤维（%）	粗灰分（%）	水分（%）	黄曲霉毒素 B_1/（微克/千克）
一级	≥51.0	<7.0	<6.0	≤12.0	≤50
二级	≥42.0	<9.0	<7.0	≤12.0	≤50
三级	≥37.0	<11.0	<8.0	≤12.0	≤50

注：粗蛋白质、粗纤维、粗灰分三项指标均以88%干物质为基础计算。

8. 菜籽粕

(1) 感官性状 色泽新鲜一致，褐黄色或棕黄色粗粉状或粗粉状夹杂小颗粒，具有菜籽粕固有香味，不焦不煳。无发酵、霉变、虫蛀、结块、发热，无异味、异臭，无掺杂掺假。

(2) 理化指标 见表 5-17。

表 5-17 菜籽粕理化指标

等级	粗蛋白质（干基，%）	NDF（%）	粗纤维（%）	粗灰分（%）	水分（%）
一级	≥39.0	≤28.0	<12.0	<8.0	≤12.0
二级	≥37.0	≤31.0			
三级	≥35.0	≤35.0			

注：粗蛋白质、NDF、粗纤维、粗灰分四项指标均以 88% 干物质为基础计算。

9. 小麦麸

(1) 感官性状 细碎屑状，回味甜。色泽新鲜一致，无发酵、霉变、虫蛀、结块、发热，无异味、异臭，无掺杂掺假。

(2) 理化指标 见表 5-18。

表 5-18 小麦麸理化指标

等级	粗蛋白质（干基，%）	粗纤维（%）	粗灰分（%）	水分（%）
一级	≥15.0	<9.0	<6.0	≤13.0
二级	≥13.0	<10.0	<6.0	
三级	≥11.0	<11.0	<6.0	

注：粗蛋白质、粗纤维、粗灰分三项指标均以 87% 干物质为基础计算。

10. 米糠

(1) 感官性状 浅黄灰色粉状，色泽新鲜一致，无酸败、霉变、虫蛀、结块、发热，无异味、异臭，无掺杂掺假。

(2) 理化指标 见表 5-19。

11. 花生壳

(1) 感官性状 浅黄褐色片状，色泽新鲜一致，无发酵、霉变、虫蛀、结块、发热，无异味、异臭，无掺杂掺假。

表 5-19　米糠理化指标

项目	粗蛋白质（干基,%）	粗脂肪（%）	粗灰分（%）	水分（%）
含量	≥13.0	≥12.0	≤7.0	≤13.0

注：粗蛋白质、粗脂肪、粗灰分三项指标均以 87% 干物质为基础计算。

（2）理化指标　见表 5-20。

表 5-20　花生壳理化指标

项目	粗蛋白质（干基,%）	粗灰分（%）	水分（%）
含量	≥5.0	≤6.0	≤12.0

注：粗蛋白质、粗灰分两项指标均以 88% 干物质为基础计算。

12. 苜蓿

（1）感官性状　色泽为暗绿色、绿色或浅绿色，叶片保留完整，有干草芳香味，形态基本一致，茎秆叶片均匀一致，无霉烂、结块、发热，无异味、异臭。

（2）理化指标　见表 5-21。

表 5-21　苜蓿理化指标

等级	粗蛋白质（干基,%）	NDF（%）	ANF（%）	杂草（%）	粗灰分（%）	水分（%）
一级	≥18.0	<36.0	<30.0	≤1.0		
二级	≥16.0	<40.0	<33.0	≤2.0	<12.0	≤13.0
三级	≥14.0	<44.0	<35.0	≤2.0		

13. 羊草

（1）感官性状　绿色或黄绿色，有草香味，无发酵、霉变、结块、发热，无泥土石块，无异味、异臭，无掺杂掺假。

（2）理化指标　见表 5-22。

14. 花生秧

（1）感官性状　颗粒、块状或捆状。不发黑，无发酵、霉变、虫蛀、结块、发热，无异味、异臭，无掺假，无薄膜，有新鲜干花生秧特有香味。

表 5-22 羊草理化指标

等级	颜色	气味	柔软性	水分（%）	粗蛋白质（干基，%）	粗灰分（%）	可食杂草率（%）	不可食杂草率（%）	霉变
一级	绿色	草香味	软	≤13	≥7.0	≤6.0	≤5.0	≤1.0	0
二级	绿色或黄绿色		稍硬	≤14	≥6.0	≤7.0	≤10.0	≤3.0	
三级	黄绿色		粗糙，硬脆	≤14.5	≥5.0	≤8.0	≤12.0	≤6.0	

(2) **理化指标** 见表 5-23。

表 5-23 花生秧理化指标

项目	粗蛋白质（干基，%）	粗灰分（%）	水分（%）
含量	≥7.0	≤12.5	≤14.5

15. 燕麦草

(1) **感官性状** 色泽新鲜一致，有草香味，无发酵、霉变、发热、无异味、异臭，不含泥土石块，不含杂草，无掺杂掺假。

(2) **理化指标** 见表 5-24。

表 5-24 燕麦草理化指标

等级	水溶性碳水化合物（%）	ANF（%）	NDF（%）	粗蛋白质（干基，%）	粗灰分（%）	水分（%）
一级	≥24	≤28	≤49	≥6.5	≤7.0	≤12.0
二级	≥21	≤28	≤50			
三级	≥17	≤35	≤53			

16. 玉米秸秆颗粒

(1) **感官性状** 色泽一致，黄绿色，无发酵、霉变、发热，无异味、异臭。浸泡后无泥沙、不浑浊、无异味，浸泡后易散开咀嚼无沙感，无掺杂掺假。

(2) **理化指标** 见表 5-25。

表 5-25　玉米秸秆颗粒理化指标

项目	水分（%）	粗蛋白质（%）	粗灰分（%）
含量	≤12.0	≥5.8	≤7.5

17. 大豆秸秆

（1）**感官性状**　切短打捆或压块，黄色，色泽新鲜一致，不发黑，无发酵、霉变、发热，无异味、异臭，不含泥土石块，无掺杂掺假。

（2）**理化指标**　见表 5-26。

表 5-26　大豆秸秆理化指标

项目	水分（%）	粗蛋白质（%）	粗灰分（%）
含量	≤12.0	≥6.0	≤5.0

18. 大麦秸秆

（1）**感官性状**　橘黄色杆状，色泽一致，无发酵、发热、结块，无霉变，异味、异臭，无掺杂掺假。

（2）**理化指标**　见表 5-27。

表 5-27　大麦秸秆理化指标

项目	水分（%）	粗蛋白质（%）	粗纤维（%）	粗灰分（%）
含量	≤15.0	≥4.6	≤34.0	≤9.0

19. 小麦秸秆

（1）**感官性状**　橘黄色杆状，色泽一致，无发酵、发热、结块，无霉变，异味、异臭，无掺杂掺假。

（2）**理化指标**　见表 5-28。

表 5-28　小麦秸秆理化指标

项目	水分（%）	粗蛋白质（%）	粗纤维（%）	粗灰分（%）
含量	≤15.0	≥4.5	≤37.0	≤9.0

20. 稻草

（1）**感官性状**　枯黄或黄绿色植株状，具有青香草味。色泽一致，无发黑、霉变、虫蛀、结块、发热，无异味异臭，无掺杂掺假。

(2)理化指标 见表 5-29。

表 5-29 稻草理化指标

项目	水分（%）	粗蛋白质（%）	粗灰分（%）
含量	≤14.0	≥4.0	≤11.0

四、正确了解饲料卫生标准及饲料添加剂安全使用规范

1）GB 13078—2017《饲料卫生标准》是国家颁布的强制性国家标准，相关单位需要严格执行。

2）禁止在饲料和动物饮用水中使用的药物，具体参照农业部联合卫生部和国家药品监督管理局在 2002 年 2 月 9 日公布的《禁止在饲料和动物饮用水中使用的药物品种目录》。

3）食品动物中禁止使用的药品及其他化合物清单，具体参照农业农村部在 2019 年 12 月 27 日公布的《食品动物中禁止使用的药品及其他化合物清单》。

4）饲料添加剂安全使用规范，具体参照 2009 年 6 月 18 日农业部第 1224 号公告中的《饲料添加剂安全使用规范》。

五、做好肉驴饲料贮存使用工作

全年供应原料，如玉米、大豆饼粕和棉籽饼粕等饲料可根据养殖规模计算使用量，并根据供货周期、原料行情等因素考虑库存量。对季节性供应饲料，如干草、青贮饲料应制订年度饲料计划，通常在收获季节进行集中贮存，保证全年稳定均衡供应饲料。

1. 精饲料的贮存方法

1）贮存饲料的仓库，应选择在地势高、干燥、阴凉、通风良好和排水方便的地方。要注意防雨、防潮、防火、防冻、防霉变、防发酵及防虫鼠。饲料不能与地面、墙壁直接接触，需准备托盘垫放饲料，防止地面返潮。

2）控制温度、湿度和通风。低温、低湿和通风可防止饲料氧化与霉变，有利于饲料的贮存。高温、高湿不利于饲料的贮存，气温在 30℃ 以上，且湿度高于 50%，易造成饲料霉变和氧化。因此，对精饲料贮存仓库的要求是相对湿度小于 50%，温度小于 25℃，并保持良好通风。

3）控制含水量。含水量高，饲料易发生氧化、发热、结块和霉变。饲料含水量为 13.5% 时易发生虫害，饲料含水量达 15% 时易发生霉变。因此，长期贮存饲料时，应控制饲料的含水量，北方应小于 14%，南方应小于 12%。

4）同一种原料分等级贮存。由于产地和生产工艺不同，同一种原料不同采购批次可能存在较大差异。因此，应分等级贮存，以方便使用。

5）饲料使用应遵循先进先出的原则，以保证原料的新鲜度。

6）鼠咬和虫蛀不仅会造成饲料浪费，还会传播疾病。另外，老鼠能在墙壁及屋顶上掏洞，造成雨水由鼠洞灌入库房，使饲料被水浸泡或受潮而发生霉变，所以应当注意及时灭鼠杀虫。

2. 粗饲料的贮存方法

干草含水量为 15% 以下时，可长期贮存。干草一般露天堆成草垛、草捆或者贮存于干草棚中。青贮饲料则存放于青贮窖内，确保密封性好，可长期贮存。

（1）**贮存方法**　粗饲料的贮存方法主要有露天堆垛、干草棚贮存和青贮窖贮存等方式。露天堆垛适合于禾本科牧草；干草棚适合贮存各种干草；青贮窖用于制作和存放青贮饲料，密封好的青贮饲料理论上可以贮存 10~20 年，但以 2 年内使用完毕为宜。

（2）**注意事项**

1）干草露天堆垛贮存时，垛顶易发生塌陷现象，导致漏雨引起饲料发霉。因此草垛顶部需要经常检查和修整，避免降雨造成损失。

2）干草贮存的地方应该地势高燥，四周做好排水处理。

3）在干草堆垛后影响干草质量变化的主要因素是含水量。当含水量超过 22% 时会导致干草过度发酵，甚至引起自燃。

4）豆科牧草夏秋季节严禁露天存放，必须贮存在干草棚内。

5）干草垛和青贮窖工作面要随时清理与周围环境界线分明。

6）干草应远离生活区、主干道、电源、电线、油库等，防止明火，禁止吸烟，避免引起火灾。

3. 饲料添加剂的贮存方法

饲料添加剂具有易吸收水分的特点，应贮存在低温干燥的环境。矿物质类饲料添加剂中某些微量元素具有易燃、吸湿返潮、有剧毒等特点，因此，贮存时要注意防水防潮、密闭包装、标签鲜明，由专人保

管；维生素饲料具有粒度小，与空气接触面积大，对光、热等外界因素敏感，容易失活等特点。因此，应贮存在低温、密闭、干燥的环境中。启封后要尽快使用，贮存期一般不宜超过 1 个月。

4. 饲料的正确使用方法

饲料使用应遵循先进先出的原则，严格按相关规定进行库房管理，遵守进、出库记录制度。每月计算实际用量，并与库房实际消耗量进行比对，以开展库存盘点，防止饲料原料亏库未补，影响正常运转。

使用的饲料应无霉变、结块及异味。饲料使用过程中要保持环境卫生整洁，同时青贮饲料取用过程中确保截面整齐。

第三节　科学搭配肉驴日粮组成

一、驴的日粮配合原则

日粮是指一昼夜内一头驴所采食的饲料总量。它是根据驴不同生理状态和生产性能的营养需要，将不同种类和数量的饲料合理搭配而成，这种选择、搭配的过程叫日粮配合。凡能全面满足驴的生活、生长、使役、繁殖、育肥等营养需要的日粮叫全价日粮。只有配合出合理日粮，才能做到科学饲养，提高经济效益。日粮配合应注意以下几点：

1. 灵活应用

标准配合日粮必须以驴的营养需要或饲养标准为基础，并根据具体情况，适当增减。严格按照无公害标准选用饲料原料时，必须遵照无公害饲料的要求，具有"三致"（致癌、致畸、致突变）可能性的饲料不能使用，使用的兽药、添加剂的用量和使用期限要符合相关的安全法规。

2. 就地选择

饲料原料力求多样化，充分利用本地资源，以廉价易得的自产秸秆和农副产品为主，适当补充野草或栽培的优质牧草如苜蓿，使日粮组成多样化。多种饲料配合能使其营养价值更全面，提高适口性，发挥各种营养物质特别是氨基酸的互补作用。

3. 合理搭配

确定草料喂量，要适应驴的消化特点，控制粗饲料的比例，使其达到既能满足营养要求，又吃饱的目的。对于种公驴和重役驴，要适当限制粗饲料喂量，增加蛋白质饲料和能量饲料，以满足其特殊的营养需要。

4. 科学配合

配合方法可以按饲养标准要求和饲料成分表，选用饲料进行搭配计算，也可以现有实际草料喂量为基础，分别计算其消化能和可消化粗蛋白质、钙、磷、胡萝卜素的总量，对照标准适当增减。特别要注意钙、磷量是否符合（1~1.5）：1的比例要求，如果不足要给予调整。

5. 及时调整

草料搭配和日粮组成是否合适，应在实际饲养实践中检验。根据检验结果，及时调整。

二、日粮配合的步骤

1）根据驴的年龄、体重和生产性能，参照相应的营养需要。

2）确定所用原料，列出所选原料的营养成分和营养价值表，以备计算。

3）初拟配方，根据能量蛋白质的需要建立初始配方。

4）在能量和蛋白质的含量及饲料搭配基本符合规定要求的基础上，调整补充钙、磷、食盐，以及微量元素、维生素等其他指标。

三、常用精补料配方

肉驴精补料推荐配方，详见表5-30~表5-32。

表5-30 肉驴精补料推荐配方一（质量分数，%）

生产阶段	玉米	麸皮	豆粕	植物油	4%预混料
断奶前	55	13.5	27	0.5	4
断奶后至150千克	56	15	24	1	4
150千克至出栏	60	14	21	1	4

表5-31 肉驴精补料推荐配方二（质量分数，%）

生产阶段	玉米	麸皮	豆粕	棉籽粕	菜籽粕	植物油	4%预混料
断奶前	55	13	19.5	4	4	0.5	4
断奶后至150千克	56	14	13	6	6	1	4
150千克至出栏	60	12	9	8	6	1	4

表 5-32 肉驴不同阶段常用日粮配方示例

项目		种公驴		后备种公驴		空怀母驴	妊娠母驴 (0~6月)	妊娠母驴 (7~12月)	哺乳母驴	驴驹		
		配种期	非配种期	夏、秋季	冬、春季					0~6月	6~12月	12月龄后
精饲料	豆粕(%)	25	15	15	15	15	15	25	25	31.33	25	15
	麸皮(%)	20	20	20	20	20	20	20	20	31.33	20	20
	玉米(%)	55	65	65	65	65	65	55	55	31.34	55	65
	预混料(%)	4	4	4	4	4	4	4	4	4	4	4
	盐(%)	2	2	2	2	2	2	2	2	2	2	2
	鱼粉(%)	1										
	日粮质量/千克	3.0	2.0	1.0	1.5	1.0	1.5	1.5	1.5	自由采食	1.5	1.5

(续)

项目		种公驴		后备种公驴		空怀母驴	妊娠母驴（0~6月）	妊娠母驴（7~12月）	哺乳母驴	驴驹		
		配种期	非配种期	夏、秋季	冬、春季					0~6月	6~12月	12月龄后
粗饲料	青鲜苜蓿/千克	2.5	2.5	2.5	2.5	2.5	2.5	2.5	2.5	自由采食	2.5	2.5
	苜蓿干草/千克	5.0	5.0	5.0	5.0	4.0	4.0	4.0	4.0	自由采食	3.0	4.0
	青干草/千克	7.0	7.0	7.0	7.0	5.0	5.0	5.0	5.0	自由采食	4.0	5.0
其他饲料	胡萝卜/千克	0.5										
	鸡蛋/个	4										

第四节　防控新购肉驴应激反应的饲料调整实例

1. 基本情况

某肉驴养殖户新购肉驴 8 头，体重均在 200 千克左右，精神状况正常。新购肉驴和该养殖户原有肉驴混圈饲养，粗饲料（玉米秸秆）自由采食，育肥颗粒料每天饲喂 2 次，平均每头驴用量为 2.5 千克。饲养 2 天后，驴群采食正常但饮水量大增，排尿量也大增，驴圈地面、墙壁及驴四肢等处均被尿液污染。进一步观察发现，出现大量饮水和排尿的都是新购进肉驴，将新购肉驴和原有肉驴分栏饲养后原有肉驴采食、粪尿等正常，新购肉驴食欲不减，但继续出现大量饮水和大量排尿现象，个别肉驴排粪时，先排出较多量稀水样粪便，然后再排出黏稠粪便。

2. 调查分析

肉驴精神状况及食欲正常，排除有体温升高等表现的传染性疾病。新购肉驴和原有肉驴混圈饲养，饲喂人员、饲养环境、饲料、饮水相同，仅新购肉驴出现大量饮水和大量排尿现象，提示应该从新购肉驴方面查找原因。该批肉驴从附近购买，不存在长途运输和地域气候不适应等应激问题。经询问得知，购买前肉驴以饲喂草料为主，每头驴麸皮摄入量每天平均不到 250 克，买回后为快速育肥，大量增加精饲料用量，肉驴突然进食较多精饲料引起胃肠不适，进而大量饮水，出现大量排尿现象（彩图 17）。通过调整饲喂方法，10 余天后肉驴采食、粪尿等恢复正常。

3. 防控方案

如果从外地调运肉驴要做好考察，不能从有疾病发生的地域购买肉驴，挑选时仔细观察肉驴采食时、运动中和静止状态的各种表现，观察口鼻、眼神、肛门等处有无异物污染。选择好的肉驴在运输前 6 小时停止饲喂，只给一些加有电解多维的饮水，根据运输季节情况做好运输车辆的消毒和保温防风处理，规划最快而且最平稳的运输线路，装车不能过于拥挤，运输途中注意观察肉驴情况，及时发现并处理肉驴磕碰等意外情况。

无论短途还是长途运输，到场的肉驴不要直接和原有肉驴混圈饲养，有条件的应该隔离饲养半个月左右，无隔离条件的情况下也应该分栏饲养，以便观察新到肉驴的各种情况。

  肉驴到场后，先不要急于饮水或喂食，特别是长途运输到场的肉驴一定注意防止饮水过多出现"水中毒"。可以配一些含有电解多维的饮水让肉驴逐头饮用，这样既能保证每头肉驴饮水，又能避免个别肉驴过量饮水情况的发生。到场6小时以后饲喂少量优质草料，12小时后增加一些饮水和草料。从第2天开始自由饮水、自由采食草料，根据体重情况添加少量精饲料，以后每天逐渐增加精饲料喂量，至2~3周后达到正常喂量。

第六章
加强饲养管理　向品质要效益

第一节　饲养管理中的误区

一、不同用途、不同日龄的驴混圈饲养

有的养殖场由于条件限制或图省事，把驴驹与成年公、母驴混圈饲养，导致哺乳母驴和驴驹的饲草和精饲料被公驴分抢而吃不到饲料，还会造成拥挤、卫生状况恶化等，都会影响和威胁临产母驴、哺乳母驴和驴驹的健康，也给某些疾病的发生和传播创造了条件。

二、没有科学合理的饲养管理程序

虽然肉驴具备饲养成本低、适应性高、抗病能力强等优点，但是想要获得理想的养殖效益，做好饲养管理不可忽视。有的养殖场没有为驴群提供适宜的环境温度、湿度，合理的饲养密度和运动空间，也未能做好夏天防暑降温、冬天防寒保暖工作，在防鼠、防虫和圈舍卫生上措施不到位，为驴群疫病的发生埋下隐患。另外，消毒意识淡薄，认为消毒与无消毒一个样，根本没有按程序进行消毒，或不按说明书的要求稀释消毒液或消毒次数不够或随便消毒，有的养殖户为了降低成本，仅对饲养设备进行简单消毒，导致不能有效地杀灭饲养环境中的病原微生物，直接造成效益减少。

三、饲喂人员专业知识缺乏

小规模驴场饲养员一般都没有系统学习过畜牧专业知识，甚至连养殖培训班也没有参加过，很多人仅有小学或初中文化程度，对科学养驴一窍不通。人员素质普遍偏低，对科学养驴知识掌握得不多，专业化程度低，技术水平不高，在生产过程中表现出灵活性差、生搬硬套。部分养殖管理人员不按国家关于饲料及饲料添加剂等的使用规定，随意使用国家禁用、停用的饲料添加剂、假劣饲料，部分饲养员给驴饲喂发霉变质饲料，引起驴饲料中毒死亡，部分养殖场缺乏应有的饲养管理专业知识和经验，在饲养管理过程中不能完全做到"自繁自养"和"全进全出"。所以，提高饲养人员专业知识对于搞好养殖场至关重要。

第二节　提高驴驹成活率的主要途径

驴驹是指从驴出生到 1.5 岁的阶段，此时生长速度最快，抵抗力弱，易得病死亡。所以掌握驴驹的生长规律，科学合理地培育驴驹是一项十分重要的工作。新生驴驹出生以后由母体进入外界环境，生活条件发生改变。由原来通过胎盘进行气体交换转变为自由呼吸，由原来通过胎盘获得营养和排泄废物变为自行摄食、消化及排泄。此外，胎儿在母体子宫内时，环境温度稳定，很少受到外界有害条件的影响。新生驴驹出生后，本身的消化功能、呼吸器官的组织及各调节体温的机能都还不完善，对外界条件的适应能力较差。如果饲养管理工作做不好，会影响驴驹的正常发育。

一、提高新生驴驹成活率的方法

1. 防止窒息

当驴驹产出后，应立即擦掉嘴唇和鼻孔上的黏液和污物。如黏液较多，可将后腿提起，使头向下，轻拍胸壁，然后用纱布擦净口、鼻中的黏液。也可将胶管插入鼻孔或气管，用注射器吸取黏液，以防驴驹窒息。发生窒息时，可进行人工呼吸，即有节律地按压新生驴驹腹部，使胸腔容积交替扩张和缩小。紧急情况时，可注射尼可刹米注射液，或直接向心脏内注射 0.1% 肾上腺素注射液 1 毫升。

2. 断脐方法适当

新生驴驹的断脐主要有徒手断脐和结扎断脐两种方法。因徒手断脐干涸快，不易感染，现多采用这种方法。

3. 保温

冬季及早春应特别注意新生驴驹的保温。驴驹体温调节中枢尚未发

育完全，同时皮肤的调温机能差，外界环境温度比母体低，新生驴驹易受凉，甚至发生冻伤。如果母驴产后不像马、牛那样舔驴驹体表的黏液，需用软布或毛巾擦干驴驹体表的黏液，以防受凉。

4. 哺乳

母驴产后 2~3 天排出的乳汁称为初乳，其中含有大量抗体，可以增强驴驹的抵抗力；镁盐含量也较多，可以软化和促进胎便排出；富含维生素 A，可预防腹泻。因此，驴驹出生后要在 24 小时内吃上初乳。

若驴驹体弱，找不到乳头，应给予适当协助。产后母驴无乳或死亡时，可找产期相近的母驴代为哺乳。若代哺母驴拒绝哺乳，可将其乳汁或尿液涂抹在驴驹体表或对驴驹进行人工哺乳。人工哺乳时，乳温应保持在 36~38℃，以防因温度异常引起腹泻，用牛奶或奶粉时，喂前去掉过多的乳脂，并加入适量的葡萄糖或白糖、鱼肝油和少许食盐，并做适当稀释。

驴产骡驹常因吃初乳而得骡驹溶血病。在未事先检查初乳抗体效价的情况下，应将骡驹暂时隔开或戴上笼头，并喂以牛乳、糖水等。同时每隔 1~2 小时将母驴初乳挤去，1 天后，即可使骡驹吮吸食母乳。

5. 饲喂

对驴驹除了按正常的方法饲喂外，一般在其 15 日龄开始训练吃精饲料，可将玉米、大麦、燕麦等磨成粉，熬成稀粥，加上少许糖诱食，补料量应根据母驴泌乳量、驴驹的营养状况、食欲、消化情况而灵活掌握。开始每天补饲 10~20 克，数天后补饲 80~100 克，以后逐日增加，9 月龄后每天喂精饲料 3.5 千克。

6. 断奶

在正常情况下，驴驹长到 4~5 月龄时已能独立采食，5~6 月龄时可以断奶。断奶后驴驹开始独立生活，此阶段要特别加强护理，精心饲养，使驴驹尽快抓好秋膘以便越冬。驴驹断奶后，有条件的地方可以放牧或者在田间留茬地饲养，每天补饲混合料时应注意及时供应清水。驴驹断奶满 1 周岁以后要将公、母驹分开饲养。为防止驴驹患传染病，应经常对其身体进行刷拭清洁，在开春和深秋以后分别做 1 次驱虫工作，对不能做种用的公驹进行去势手术。

7. 其他

驴驹生后 30 分钟即可站立，接产人员应尽早引导驴驹吃上初乳。产后 2 小时仍不能站立的驴驹，可以人工挤初乳喂养。注意观察和保护驴驹，驴驹刚出生时，行动不灵活，易发生意外，要细心照料。出生当天，应注意观察胎粪是否排出。胎粪不下时，可用温水或生理盐水 1000 毫升，加甘油 10~20 毫升或软肥皂进行灌肠。如果腹泻（排灰白色或绿色粪便），应暂停哺乳，予以治疗。同时，检查母驴乳房和驴驹饲料是否卫生，应保证褥草干燥、温暖。应保持驴舍内干燥，适宜湿度为 50%~70%。驴舍内最适宜温度为 20℃，要注意冬季防寒和夏度防暑。即使在冬季，驴舍温度也应在 8℃以上。粪、尿、褥草分解产生的氨气和硫化氢，会影响驴体健康，应及时打扫干净并保证驴舍的通风换气状况良好。每天 2 次刷拭驴皮肤，清除皮垢、灰尘和外寄生虫，促进皮肤的血液循环、呼吸代谢，促进发汗排泄机能畅通，增进健康。可用扫帚、鬃刷和铁刷或草从驴的头部开始，到躯干、四肢，刷遍驴体，对四肢和污染粪便的部分可反复多刷几次，直到刷净为止。

二、做好驴驹的培育工作

1. 驴的生长发育规律

在驴的整个生长发育阶段，年龄越小，生长发育越快。不同的年龄阶段，各部位的生长发育强度也不一样。

以关中驴为例，其不同年龄体尺见表 6-1。体尺测量见视频 6-1。

视频6-1　驴体尺测量

表 6-1　关中驴不同年龄体尺

年龄	体高		体长		胸围		管围	
	平均/厘米	占成年（%）	平均/厘米	占成年（%）	平均/厘米	占成年（%）	平均/厘米	占成年（%）
3 日龄	89.18	62.94	63.81	45.29	71.25	45.70	10.10	60.33
1 月龄	94.00	66.34	74.75	53.05	79.75	51.15	10.83	64.70
6 月龄	116.05	81.90	102.45	72.71	107.33	68.84	13.60	81.24
1 岁	122.72	86.61	111.79	79.34	118.00	75.68	14.03	83.81
1.5 岁	132.29	93.36	126.66	89.89	134.29	86.13	15.66	93.55

（续）

年龄	体高		体长		胸围		管围	
	平均/厘米	占成年（%）	平均/厘米	占成年（%）	平均/厘米	占成年（%）	平均/厘米	占成年（%）
2岁	136.45	96.29	132.05	93.72	139.25	89.31	16.28	97.25
2.5岁	138.23	97.55	136.10	96.59	142.04	91.10	16.43	98.15
3岁	140.75	99.33	139.95	99.33	147.79	94.79	16.50	98.57
4岁	141.62	99.94	140.90	100	153.91	98.71	16.73	99.94
5岁	141.70	100	140.90	100	155.91	100	16.74	100

（1）**胎儿期** 最大特点是外周骨（即四肢）的生长发育强度最大，体高和管围已分别占成年驴的62.94%和60.33%；而体长和胸围则分别占成年驴的45.29%和45.70%；体重为成年驴的10.34%。

（2）**哺乳期** 从出生到6月龄断奶，相对生长发育强度和绝对生长发育强度都是一生中最高的。以关中驴为例，体高占成年驴的81.90%，体长占成年驴的72.71%，胸围占成年驴的68.84%，管围占成年驴的81.24%。

（3）**断奶到1岁** 这个阶段的生长速度最快。以关中驴为例，1岁体高占成年驴的86.61%，体长占成年驴的79.34%，胸围占成年驴的75.68%，管围占成年驴的83.81%。因此，俗语讲"一年不成驴，到老是个驹"，这个时期是培育的关键。

（4）**1~3岁** 此时称为青年期，生长发育仍然较快，2岁前后，体长相对生长发育速度加快。以关中驴为例，2岁时，体长占成年驴的93.72%，体高和管围分别占成年驴的96.29%和97.25%，胸围占成年驴的89.31%；3岁体高、体长均占成年驴的99.33%，胸围占成年驴的94.79%，管围占成年驴的98.57%。这说明青年驴培育的重要性仍然不容忽视。

（5）**3~5岁** 驴3岁后进入成年期，生长发育逐渐缓慢，各种组织器官发育完善，生理机能完全成熟，抗病力较强，代谢水平稳定，脂肪沉积能力强，5岁后驴生长发育基本定型。

2. 胚胎发育期的护理

养好妊娠母驴，加强对妊娠母驴的饲养管理，不仅有利于保持母驴的健康和体况,而且对保持母驴哺乳和新生驴驹的生长发育也非常重要。在妊娠初期,即胚胎发育的胚期和胎前期,胚胎小,体重增长不大,但分化生长非常强烈。因此,在饲养上应重视饲料的营养与质量,讲究科学配比,饲料应具有全价与平衡的营养,饲喂量与配种前期可基本保持一致。至妊娠的最后 1/3 时期,胚胎发育进入胎儿期,胚胎的生长速度和生长强度均迅速增大,必须及时增加母驴的营养供给量,保证饲料的数量和品质能满足母体和胎儿的需要。特别是在妊娠的最后阶段,应保证满足母驴对矿物质、蛋白质和维生素的需要。一般在母驴分娩前 2 个月,要逐渐减少精饲料中豆类和玉米的用量,而喂给易消化、有轻泻性、质地柔软的饲料。在母驴临近分娩前几天,应将饲喂量减少 1/3,但需多饮水,以适应其代谢率提高、需水量增加的生理特点。为了确保母驴分娩安全,每天都应确保母驴有缓慢的运动,有利于保持母驴正常代谢与功能,预防难产,顺利分娩。加强妊娠母驴的饲养,特别是母驴妊娠期内最后 2~3 个月的饲养,对母驴产驹和泌乳能力有直接影响。

3. 新生驴驹的护理

当胎儿产出后,应立即擦掉嘴唇和鼻孔上的黏液和污物,接着进行断脐。断脐方法现多采用徒手断脐,这样脐带干涸快,不易感染。徒手断脐的方法是,在靠近胎儿腹部 3~4 指处,用一只手握住脐带,另一只手捏住脐带并向胎儿方向捋几下,使脐带里的血液流入新生驹体内。待驹脐静脉搏动停止后,在距离腹壁 3 指处用手指掐断脐带,再用 5% 碘酒棉充分消毒残留于腹壁的脐带余端,不必包扎。每过 7~8 小时,再用 5% 的碘酒消毒 1~2 次即可,只有当脐带流血难止时,才用消毒绳结扎。不论结扎与否,都必须用碘酒彻底消毒。另一个方法是结扎断脐,在距胎儿腹壁 3~5 厘米处用消毒棉线结扎脐带,再剪断消毒。采用这种方法,由于脐带端被结扎,干涸慢,常因消毒不严而感染发炎,所以,尽可能采用徒手断脐法。

4. 哺乳驴驹的培育

(1) 尽早吃好初乳 产后 3 天以内的初乳营养丰富,并含有抗体和较多的无机盐类,可增强驴驹的免疫能力并有利于排出胎粪。驴驹生后半小时即可站立,在新生驴驹站起后有吮乳的本能要求时,接产人员应协助它找到乳头,引导幼驹吃上初乳。产后 2 小时仍不能站立的驴驹,

可人工挤初乳喂养，2小时喂1次，每次300毫升。

(2) **尽早补料** 驴驹的哺乳期一般为6个月，该阶段是驴驹出生后生长发育最迅速的阶段。这一时期的生长发育，对将来的经济效益影响很大。1~2月龄的驴驹，母乳基本可以满足它的生长发育需要。随着驴驹的生长发育，对营养物质的需求增加，母乳已不能满足驴驹营养需要，应尽早补饲，使驴驹习惯采食饲料，以弥补营养的不足，同时刺激消化道的生长发育。驴驹出生后半个月，使其随母驴采食草料。1月龄时开始补饲精饲料，此时驴驹的消化能力较弱，要补给品质好、易消化的饲料。最初用炒豆或八成熟的小米粥或大麦麸皮粥，单独补饲。2月龄时，逐渐增加补饲量。具体补饲量应根据母驴的泌乳量和驴驹的营养状况、食欲及消化情况灵活掌握，粗饲料用优质禾本科干草和苜蓿干草，也可随母驴放牧。补饲时间应与母驴饲喂时间一致，但应单设补饲栏以免母驴争食。驴驹按体格大小分槽补料。个别瘦弱的要增加补饲次数，以使其生长发育赶上同龄驴驹。管理上应注意驴驹的饮水需要。最好在补饲栏内设水槽，保持清洁饮水。经常用手触摸驴驹，搔其尾根，用刷子刷拭驴体建立人驴亲和，为以后的调教打下基础。

5. 无乳驴驹的培育

无乳驴驹指母驴产后死亡或奶量不足或产后无乳母驴的驴驹。饲养无乳驴驹最好是找代哺的母驴，其次是用代乳品。若代哺母驴拒哺，可在母驴和驴驹身上洒相同气味的水剂等，然后由人工帮助诱导驴驹吮乳。代乳品通常用牛奶、羊奶。因牛奶、羊奶脂肪含量高于驴奶，补饲时应脱去脂肪（撇去上层的脂肪）加水稀释（1：1），并加少许糖，成为近似驴乳的营养品，每2~3小时喂1次，以后可逐渐减少。如给驴驹饮不经调制（稀释加糖）的牛奶、羊奶，往往会引起消化不良，发生肠炎，严重时导致腹泻，有的甚至脱水死亡。

6. 断奶后驴驹的培育

哺乳驹断奶至断奶后经过的第1个越冬期，是生活条件剧烈变化的时期。若断奶和断奶后饲养管理不当，常引起发育不良，甚至患病死亡。

(1) **适时断奶** 驴驹一般在6~7月龄时断奶。断奶应一次完成。刚断奶时，驴驹思念母驴，不断嘶鸣，烦躁不安，食欲减退，此时应加强管理，昼夜值班，同时给以适口、易消化的饲料，如胡萝卜、青苜蓿、禾本科青草、燕麦草、麸皮等。

（2）断奶方法 选择好的天气，把母驴、驴驹牵到事先准备好的断乳驴驹舍内饲喂，到傍晚时将母驴牵走，驴驹留在原处。第2天将母驴圈养1天，第3天松开放牧。为减少驴驹思恋母亲而烦躁不安的情况，可选择性情温顺、母性好的老母驴（骟驴）陪伴驴驹。驴驹关在舍内2~3天后，逐渐安定下来，每天可放入运动场内自由活动1~2小时，以后可延长活动时间。为了安抚驴驹，防止逃跑或跳跃围栏，必须让母驴远离驴驹。这样经过6~7天后，就可进行正常饲养管理。

（3）断奶后的饲养 断奶后，驴驹独立生活。断奶后的第1周实行圈养，每天喂精饲料1.5~2千克、干草4~6千克，要选用优质饲料。饮水要求干净、充足。断奶后第1个寒冬对于驴驹来说比较艰难，因此应该加强护理，精心饲养，才能使驴驹能顺利越冬。

驴驹满1周岁后，要公、母驹分群饲养。不留做种用的公驹，进行去势处理，以后春、秋季各驱虫1次。

7. 新生驴驹的疾病预防与控制

（1）新生驴驹脐炎 产驹时断脐不当、未经消毒或消毒不彻底等均可引起脐部感染发炎。脐孔周围组织充血肿胀，有时形成脓肿，甚至在脐孔处形成瘘孔，可挤出少量有臭味的脓汁，挤压时驴驹表现疼痛，最终毒素及化脓菌侵入肝脏、肺、肾脏及其他脏器引起败血症。治疗时可局部消毒（涂碘酊），若形成瘘管，则尽可能洗净其内部脓汁，灌注消毒药剂，若形成脓肿，应切开清洗脓腔，撒冰片散；若有坏死，应除去坏死组织。本病完全可以预防，其做法也很简单，即严格、认真消毒脐带断端即可。

（2）驴驹腹泻 驴驹腹泻是驴驹最常见的一种疾病，多于出生后1~2个月内发生，且频率较高。若较长时间内不能治愈，则会造成营养不良、发育迟缓甚至死亡。本病病因较多，如给母驴饲喂过量蛋白质饲料，造成乳汁浓稠，引起驴驹消化不良而腹泻；驴驹异食母驴粪便、母驴乳房污染或有炎症等均可引起腹泻。应针对情况对症治疗。在日常饲养管理中，做好圈舍卫生和消毒工作、给哺乳母驴饲喂全价配合饲料、加强驴驹运动均可预防本病的发生。

第三节　提高青年驴生长速度的主要途径

为给青年驴提供一个良好的生长环境，促进其健康成长，最大限度地发挥其生长潜力，应做好以下几项管理工作。

一、掌握一般饲养原则

1）分栏定位饲养。应根据驴的性别、年龄、性格、采食快慢分槽定位以免争食；哺乳母驴的槽位要适当宽些，以便于驴驹吃奶和休息；种公驴应单栏饲喂，防止互相咬伤或踢伤，有利于上膘和保持充沛的精力顺利完成配种任务。

2）喂养次数。不同季节应制订不同的饲喂次数，做到定时定量。一般每天饲喂3~4次，每次分2~3次上草，做到少喂勤添，不喂懒草、懒料；饲喂时间和数量都要固定，总饲喂时间不应少于9小时，同时要加强夜饲，前半夜以草为主，后半夜加喂精饲料。

3）饲喂。草要短而干净，先粗后精，少喂勤添。喂驴前要筛去尘土，挑出长草、杂物，每次饲喂都要先给草后喂料，先喂干草，后喂拌湿料；拌草水量以草粘住料为佳，不宜过多。

4）不要突然变更饲草、饲料和饲喂时间。

5）水要适时慢饮且充足。

6）每次饲喂完后必须清扫饲槽，除去残留饲料，防止发酵变质影响下次饲喂。

7）一般喂饱驴后再饮水，天气炎热时可适当增加饮水次数，水温不应低于10℃，冬季防止饮冰冻水，避免造成流产和腹痛。

二、做好日常管理工作

1）卫生管理。圈舍应建在背风向阳处，内部应宽敞、明亮，通风干燥，保持冬暖夏凉，槽高圈平。要做到勤打扫、勤垫圈，夏天每天至少清除粪便2次，并及时垫上干土，保持过道和驴床干燥。夏季做好防治蚊蝇工作，让驴安静采食和避免蚊蝇传播疾病。

2）刷拭驴体。每天刷拭2次驴体，清除皮垢、灰尘和寄生虫，促进皮肤血液循环，及时发现外伤，增强人畜亲和。

3）蹄的护理。经常保持驴蹄清洁和适当的湿度，发现蹄病要及时治疗。定期修蹄、挂掌，保持驴良好的生产性能。

4）运动。驴喂饱后即可放入运动场让其自由活动，促进其新陈代谢，增强驴体质，运动还可以提高种公驴的精子活力，有利于配种。

以上工作可根据天气、配种、饲养情况适当调整，但应保证不影响驴的正常生长，给驴创造一个良好的生长环境，提高养殖效益。

三、做好疾病防治工作

1）肉驴在下槽离圈时，应让其饮足清洁水，严禁饮用不洁水。

2）搞好圈舍卫生，圈舍内不留隔夜粪便，食槽和水缸要定期清洁消毒。圈舍应建在远离村庄的地方，以防疫病感染。

3）肉驴每次进圈或出圈时，尤其是使役完毕后，要让其痛痛快快地打几个滚（因为驴打滚是它休息的最好方式），并逐头进行刷拭，这样做不仅有利于保持驴体皮肤清洁，更能促进血液循环，加强生理机能，增强体质健康，消除疲劳。

4）在饲喂中要经常观察。一旦发现肉驴有不适或减食表现，要立即请兽医处理，不可麻痹大意，贻误诊断时机。

5）公、母驴混养的圈舍，应设置隔护栏，以避免相互撕咬碰撞，造成意外创伤，诱发破伤风。

第四节　养好种公驴的方法

种公驴是指有配种任务的成年公驴。一头优良的种公驴应膘情适中，性欲旺盛，精液品质良好，受胎率高。在一个配种期内，一头公驴平均负担75~80头母驴的配种任务，公驴经常每天或隔天配种或采精，有时甚至一天多达2次，每次平均排出50毫升左右精液，因此种公驴常处于紧张的精神活动状态，无论能量还是蛋白质、矿物质、维生素的消耗，都显著高于其他非配种公驴。因此，种公驴的饲养管理条件是完成配种任务、改良和提高后代品质的关键因素。饲养好种公驴的标志是保持不肥不瘦的种用体况，富有旺盛的性欲，能产生符合配种要求的精液。实践经验证明，对种公驴的饲养管理，应抓好以下环节。

一、满足种公驴的营养需要

饲料和日粮的组成要多样化。

一般在非配种时期,大型种公驴每天喂谷草或优质干草 5~6 千克、精饲料 1.5~2 千克;中型种公驴每天喂干草 3~4 千克、精饲料 1~1.5 千克。进入配种期前 1 个月,开始减草加料,达到配种期日粮标准:大型种公驴每天喂谷草 3.5~4 千克、精饲料 2.3~3.5 千克,其中豆饼或豆类不少于 25%~30%;早春缺乏优质青干草时,每天应补给胡萝卜 1 千克或大麦草 0.5 千克。维生素 A 对种公驴来说不可缺少,要按标准投喂。

二、加强运动,防止过肥

种公驴要求膘情适中,不能过肥和过瘦。加强运动是增强种驴体质、提高代谢水平和精液品质的重要因素。运动、营养和配种利用强度,三者相互制约,加强营养而运动不足,会使种公驴过肥,并导致食欲下降,性欲不强;运动过度,体力消耗过大,也会使其配种能力下降,精液品质不良;交配强度过大,必使精液品质下降,体力衰竭。因此,对种公驴在配种期和非配种期应有不同的要求。非配种期的运动量应大于配种期。

种公驴的运动方式以结合使役或骑乘锻炼均可。运动时间每天应不少于 1.5 小时,但在配种或采精前后 1 小时,应避免强烈运动;配种后应牵遛至少 20 分钟。在配种和运动、喂饲以外的时间,尽量做到让驴在小场、院内自由活动,接受阳光浴。夏季中午应防止日晒,每天都要定时刷拭。

三、合理配种

种公驴应单间单槽合管,圈舍面积一般为 9 米^2,以便种公驴自由运动。运动或适当使役,防止过肥,是提高种公驴精液品质的重要管理技术。在配种期每天刷拭 2 次,非配种期至少每天刷拭 1 次。结合刷拭,每天用温水洗和按摩睾丸 15 分钟,可提高精子活力。应有计划地合理利用种公驴。健壮的成年种公驴每天交配或采精 1 次,每周休息 1~2 天。必要时也可每天采精 2 次,但不能连续 2 天以上。

对种公驴的粗暴管理会造成性抑制,使精液品质下降。表 6-2 列举了种公驴作息时间表,供参考。

表 6-2 种公驴作息时间表

时间	内容
3:30~4:30	测温、饮水、投草
4:30~5:30	早饲、投草
5:30~6:00	轻刷拭，准备运动
6:00~7:00	第1次运动
7:00~8:30	用草把刷拭，休息，准备采精
8:30~9:00	第1次配种或采精
9:00~10:40	休息和自由运动
10:40~11:40	饮水、投草
11:40~13:00	午饲、投草
13:00~15:00	自由运动、刷拭
15:00~16:00	第2次运动
16:00~16:30	刷拭、休息
16:30~17:00	第2次配种或采精
17:00~17:30	休息
17:30~18:00	测温、饮水、投草
18:00~19:30	晚饲、投草
19:30~20:30	饮水、投草

青年公驴的配种频率要比壮龄公驴小。配种次数要依精液质量而定。配种过度，会降低精液质量，影响繁殖力，造成不育，同时也会缩短种公驴的利用年限。

四、调教好青年种公驴

饲养员、采精员不要参加防疫注射、采血输液、外科手术、修蹄等，防止驴记仇，发生咬人、踢人等事故。对种公驴要耐心、细心，绝不可殴打，要使人畜亲和。经常刷拭，经常按摩睾丸，毛皮、尾巴、头顶、蹄叉要清洗干净，定期修蹄。对没采过精的年轻种公驴进行采精调教。在采精之前要备好采精架、台母驴式假台驴、假阴道等，假阴道温度一定要合适，否则易出现问题，养成驴的坏习惯，使采精失败。有时公驴感觉不舒服容易咬人、踢人，造成伤害，所以采精场地要求安静，防止人杂吵闹。地面要结实，不起灰尘，以防污染精液，但要防止地面硬滑，以免在采精时驴滑倒摔伤。保持种用体形非常重要，给料、喂草要仔细，防止因采食体积大的草料形成草腹，而丧失配种能力，造成损失。

第五节　养好母驴的方法

母驴的饲养管理要求是母驴膘情中等；空怀母驴能按时发情，发情规律正常，配种容易受胎；妊娠后胎儿发育正常，不流产；产后泌乳力强。为了提高驴的繁殖成活率和驴的品质，必须重视母驴的饲养管理。

一、做好空怀母驴的饲养工作

母驴长期采食劣质干草，缺乏多汁饲料，晒太阳不足，会导致营养物质摄入不足，引起生殖机能紊乱。母驴采食大量精饲料，运动不足，会造成过肥，也会引起生殖机能紊乱。因此，在当年配种开始前1~2个月提高饲养水平，对营养摄入不足者应喂给足够的蛋白质、矿物质和维生素饲料，适当减轻使役强度；对过肥的母驴，应减少精饲料喂量，增喂优质干草和多汁饲料，加强运动，使母驴保持中等膘情。配种前1个月，应对空怀母驴进行检查，发现有生殖疾病的要及时进行治行。总之，对空怀母驴只有加强营养，减轻使役强度，保持中等膘情，才能正常发情，配种容易受胎。

二、做好妊娠母驴的饲养工作

母驴妊娠1个月，胚胎在子宫内尚处于游离状态，遇到不良刺激，很容易夭折而被吸收，所以最好停止使役。妊娠1个月后，可照常使役。在妊娠前6个月，胎儿实际增重很慢。7个月后，胎儿增重明显加快。胎儿体重的80%是在最后3个月内完成的。所以母驴妊娠满6个月后，要减轻使役，加强营养，增加蛋白质饲料的喂量，选喂优质粗饲料，以保证胎儿发育和母驴增重的需要。如果有放牧条件，尽量放牧饲养，既可加强运动，又可摄取所需的各种营养。妊娠后期，如果缺乏青绿饲料，饲草质劣，精饲料太少或品种单纯，加上不使役，不运动，往往导致肝脏机能失调，形成高血脂及脂肪肝，产生的有毒代谢产物排泄不出，造成全身中毒病，俗称妊娠中毒，表现为产前食欲废绝，死亡率相当高。为预防此病的发生，从妊娠后半期开始，要及早提供胎儿发育需要的大量蛋白质、矿物质和维生素，适当调配日粮，使种类多样化，补充青绿多汁饲料，减少玉米等能量饲料，喂给易消化、有轻泻作用、质地柔软的饲料。

在整个母驴妊娠期管理上，要十分重视保胎、防流产工作。母驴的早期流产多发于三秋大忙、农活繁重的季节；后期多因冬春寒冷、吃霜草、饮冰水、受机械损伤、驭手打冷鞭、打驴头部、驴吃发霉变质饲料等引起流产。产前1个月，更要注意保护和观察。体形小的母驴骨盆腔也小，在怀骡驹的情况下，更易发生难产，所以需要助产。因此，当发现产前征兆时，最好送往附近兽医院待产。

三、做好围产期母驴的饲养工作

（1）**分娩前的准备** 母驴分娩前2~3周，减少饲喂粗饲料，精饲料选择麸皮、燕麦、大麦等。在产前几天，草料总量减少1/3，每天牵遛。母驴产后，应喂用温水加少量盐调成的麸皮粥或小米粥。

控制精饲料饲喂，防止腹泻，以优质干草为主，多喂麸皮、豆粉或泡豆。产房要温暖、干燥、无贼风，光线要充足。产前1周要把产房打扫好，地面用石灰进行消毒，铺上褥草。加强护理，注意母驴的临产表现。提前准备好接产用具和药品，如剪刀、热水、药棉、毛巾、消毒药品等。如果无接产条件，可请兽医接产。

（2）**母驴的接产** 母驴多在半夜产驹。正常情况下，母驴产驹不需要助产。母驴大多躺着产驹，但也有站立产驹的。因此要注意保护驴驹，以免摔伤。若需要助产，要及时请兽医处理。驴驹头部露出后，要用毛巾把驴驹鼻内的黏液擦干净，以免黏液被吸入肺内。驴驹产出后，用2%来苏儿消毒，洗净并擦干母驴外阴、尾根、后腿等被污染的部位。产房换上干燥、清洁的褥草。母驴分娩后，多会不断舔新生驴驹身上的黏液。此时接产人员再扯断脐带，用无味消毒水如0.5%高锰酸钾溶液

彻底洗净并擦拭母驴乳房，应擦干驴驹身上的黏液，并辅助其尽快吃上初乳。如果产骡驹，为防止发生溶血病，在未做血清检验时应暂停吃初乳，并将初乳挤出，给骡驹补以糖水和奶粉，1天后乳汁正常时方可让骡驹吃乳。产后1小时，胎衣可以完全排出，应立即将胎衣、污染的褥草清除、深埋。若5~6小时后胎衣仍未排出，应请兽医诊治。

(3) **驴驹出生后的护理** 呼吸发生障碍或无呼吸仅有心脏活动，称为假死或窒息。如果不及时采取措施进行急救，往往会引起驴驹死亡。引起假死的原因很多，归纳有：分娩时排出胎儿过程延长，很大一部分胎儿胎盘过早脱离了母体胎盘，胎儿得不到足够氧气；胎儿体内二氧化碳积累，而过早地发生呼吸反射，吸入了羊水；胎儿倒生时产出缓慢使脐带受到挤压，胎盘循环受到阻滞；胎儿出生时胎膜未及时破裂等。急救假死驴驹时，先将驴驹后躯抬高，用纱布或毛巾擦净口鼻及呼吸道中的黏液和羊水，然后将连有皮球的胶管插入鼻孔及气管中，吸尽黏液。也可将驴驹头部以下浸泡在45℃的温水中，用手掌有节奏地轻压左侧胸腹部以刺激心脏跳动和呼吸反射。也可将驴驹后腿提起抖动，并有节奏地轻压胸腹部，促使呼吸道内黏液排出，诱发呼吸。如果上述方法没有效果，则可施行人工呼吸，将假死驴驹仰卧，头部放低，由一人抓它的前肢交替扩张，另一人将驴驹的舌拉出口外，将手掌置于最后肋骨部两侧，交替轻压，使胸腔收缩和开张。在采用急救手术的同时，可配合使用刺激呼吸中枢的药物，如皮下或肌内注射1%山梗菜碱0.5~1毫升或25%尼可刹米1.5毫升，其他强心剂也可酌情使用。

(4) **产后母驴的护理** 母驴在分娩和产后期中，生殖器官都会发生很大变化。分娩时子宫颈开张松弛，子宫收缩，在排出胎儿的过程中产道的黏膜表层有可能受损伤，分娩后子宫内沉积大量恶露，这些都为病原微生物的侵入和繁衍创造了良好条件，降低了母驴机体的抵抗力，因此，对产后的母驴必须加强护理，以使母驴尽快恢复正常，提高抵抗力。

母驴产后5~6天要给予品质好、易消化的饲料。发现尾根、外阴周围黏附恶露时，要清洗和消毒，并防止蚊蝇叮咬，垫草要经常更换。

母驴分娩后一般都会出现口渴现象，因此，在产后要准备好新鲜清洁的温水，以便在母驴产后及时给予补充，饮水中最好加入少量食盐和麸皮，以增强母驴体质，有利恢复健康。

四、做好预防难产的工作

难产在实践中不经常发生，但是一旦发生难产，极易引起驴驹死亡，有时也会因手术助产不当危及母驴生命，或使母驴子宫受到损伤，或感染疾病影响母驴的繁殖能力，因此，积极预防难产对驴的繁殖具有重要意义。

管理工作合理是预防难产的重要措施。首先，不要让母驴过早配种妊娠，要在体成熟后才让其配种，母驴尚未发育成熟就配种妊娠，容易因骨盆狭窄而导致难产。

母驴妊娠期间，胎儿的生长发育所需的营养物质要依靠母体提供，因此，母体除维持本身营养需要外，还要供给胎儿发育主要的营养，对妊娠母驴要合理饲养，增加营养供给，不仅保证胎儿正常发育的需要，维持母驴自身的健康，还能减少发生难产的可能性。在养殖生产中，在母驴妊娠后期应适当减少饲喂蛋白质饲料，以免胎儿过大导致难产。

妊娠母驴要有适当的运动或轻度使役，妊娠前期运动量可适当多点，以后随着妊娠时间的延长可提高妊娠母驴对营养物质的利用率，使胎儿正常发育，还可提高母驴全身和子宫的紧张性，增强胎儿活力和分娩时的子宫收缩力，并有利于胎儿转变为正常分娩胎位、胎势，以减少难产及胎衣不下、产后子宫复位不全等的发生。

临产前的早期诊断也是预防难产的一个重要措施，在尿囊膜破裂、尿液排出之后检查较为合适，因这个阶段正是胎儿前置部分刚进入骨盆腔的时间。将消毒好的手臂伸入产道，隔着未破羊膜或已破羊膜触摸胎儿。如果羊膜未破，一定不要撕破羊膜，以免羊水过早流失，影响胎儿排出。如确诊正常，可让其自然产出；如有异常要立即进行矫正手术，因这时胎儿躯体尚未进入骨盆腔，胎水还未流尽，子宫内较滑润，子宫又尚未裹住胎儿，矫正比较容易，可避免难产发生，同时还能提高胎儿的存活率。如果诊断胎儿为倒生，则无论异常与否，要迅速拉出，防止胎儿窒息。

五、做好哺乳母驴的饲养工作

驴的哺乳期一般为6~8个月，母乳是驴驹的营养来源。因此，哺乳母驴的饲料中应有充足的蛋白质、维生素和矿物质。混合精饲料中，豆饼应当占 30%~40%，糠麸类占 15%~20%，其他为谷实类饲料。为了提高泌乳力，应当多补饲青绿多汁饲料，如胡萝卜、饲用甜菜、马铃薯或青贮饲料等。有放养条件的应尽量利用，这样不但能节省大量精饲料，而且对泌乳量的提高和驴驹的生长发育有很大好处。另外，应根据母驴的营养状况、泌乳量酌情增加精饲料饲喂量。哺乳母驴的需水量很大，每天饮水不应少于 5 次，要饮好饮足。

在管理上，要注意让母驴尽快恢复体力。产后 10 天左右，应当注意观察母驴的发情情况，以便及时配种。母驴要勤休息，一方面可防止母驴过分劳累，另一方面还可照顾驴驹吃乳。一般约 2 小时休息 1 次。否则，不仅会影响驴驹发育，而且会降低母驴的泌乳能力。

繁殖上，要抓住第 1 个发情期的配种工作，否则受哺乳影响，发情不好，母驴不易配上。

【提示】

要注意防止公驴性骚扰。因为性骚扰可造成母驴流产。公、母驴混养的圈舍，因相互撕咬碰撞，也会造成意外创伤，诱发破伤风。在设置食位隔护栏时，越坚固越好，这样有利于规模化养殖。

第六节　提高育肥效果的主要途径

一、分析影响育肥效果的因素

（1）**品种**　不同品种的驴，育肥期对营养的需要有较大差别。一般来说，大、中型驴的育肥效果优于小型驴。同一类型驴的不同个体，由于体形、外貌和体质不同，育肥速度也不同。选择肉驴首先要考虑驴的品种及它的生长发育特点，选择体形大、胸宽深的驴种，采取相应的育肥措施，才能收到满意的育肥效果。

（2）**年龄**　不同生长阶段的驴，在育肥期间所要求的营养水平也不同。通常，单位增重所需的营养物质总量以驴驹最少，老龄驴最多。年龄越小，育肥期越长，如驴驹需要 1 年以上。年龄越大，则育肥期越短，如成年驴仅需 3~4 个月。1.5~2.5 岁的驴育肥效果最好，适时屠宰就能最大限度地降低生产成本。

（3）**环境温度**　环境温度对育肥驴的营养需要和日增重影响较大。驴的体感适宜温度为16~24℃，驴在低温环境中，饲料转化率下降。在高温环境中，驴呼吸次数增加，采食量减少，温度过高会导致停食，特别是育肥后期的驴较肥，高温危害更为严重。

（4）**饲料种类**　饲料种类的不同，会直接影响驴肉的品质。饲养调控是提高驴肉产量和品质的最重要的手段。饲料种类对肉的色泽、味道有重要影响。如以黄玉米育肥的驴，肉及脂肪呈黄色，香味浓；喂颗粒状的干草粉及精饲料，能迅速在肌肉纤维中沉积脂肪，并提高肉品质；多喂含铁量多的饲料则肉色深，多喂荞麦则肉色浅。

（5）**杂种优势**　肉驴杂交的杂种驴在生长速度、饲料转化率和胴体品质等方面会显现杂种优势，采取二元或三元杂交能提高肉驴的生产潜力。

二、清楚肉驴育肥的概念

1. 精、粗饲料的比例

饲喂肉驴日粮中粗饲料和精饲料的比例如下：育肥前期，粗饲料占55%~65%，相应的精饲料为45%~35%；育肥中期，粗饲料占45%，相应的精饲料为55%；育肥后期，粗饲料占15%~25%，相应的精饲料为85%~75%。

2. 营养模式

肉驴在育肥全过程中，按营养水平可分为以下5种模式：

（1）**高高型**　从育肥开始至结束，全程高营养水平。

（2）**中高型**　育肥前期中等营养水平，后期高营养水平。

（3）**低高型**　育肥前期低营养水平，后期高营养水平。

（4）**高低型**　育肥前期高营养水平，后期低营养水平。

（5）**高中型**　育肥前期高营养水平，后期中等营养水平。

一般情况下，肉驴育肥采用前三种模式，特殊情况下才采用后两种模式。

3. 最佳育肥结束期

准确判断肉驴育肥最佳结束期，不仅对养驴者节约投入、降低成本等有利，而且对保证肉品质有极重要的意义。一般有以下几种方法：

(1) **从采食量判断** 在正常育肥期，肉驴的绝对日采食量会随育肥期的增重而下降，如下降量达到正常量的 1/3 或更少，或按活重计算，日采食量（以干物质为基础）小于或等于体重的 1.5% 时，则认为已达到育肥的最佳结束期。

(2) **用育肥肥度指数判断** 参考肉牛的指标，即利用活驴体重与体高的比例关系来判断，指数与肥育度在一定范围内成正比，通常以 526 为最佳。计算方法如下：

$$育肥肥瘦指数 = (体重 / 体高) \times 100$$

(3) **从肉驴体况判断** 即检查驴的体格丰满程度，判断的标准为：必须有脂肪沉积的部位是否有脂肪及脂肪量的多少；脂肪不多的部位的沉积脂肪是否厚实、均衡，以此确定屠宰的时机。

三、掌握肉驴的育肥方式

肉驴的生产可以采取舍饲管理，也可以采取半放牧半舍饲的管理；可以采取农户规模化育肥，也可以采用集约化育肥；可以采取自繁自养式育肥，也可以采用易地育肥的方式。无论采取何种形式，都要掌握因地制宜、经营有利的原则。实践中，育肥方式很多，都不是单一地采用，而是有所交叉。

(1) **舍饲育肥** 舍饲条件下，应用不同类型的饲料对驴进行育肥，效果也不同。比较而言，精饲料-干草型的日粮更为适宜。为了使料重比经济合理，驴舍饲育肥时不要积累过多的脂肪，达到一级膘情就应停止育肥。优质精饲料-干草型的日粮育肥 50~80 天为好。中、高档驴肉育肥的时间要长，肉的售价也高。驴在进入正式育肥期之前，都要达到一定的基础膘情。

(2) **半放牧半舍饲育肥** 驴的放牧能力虽不如马，但还是提倡有放牧条件的地区进行短期强度放牧育肥。如果有良好的豆科、禾本科人工牧地，驴能进行短期强度放牧育肥，使其达到中等膘情，那么再经过 30~50 天的短期舍饲育肥，不仅节约了成本，而且可以取得良好的育肥效果。

(3) **农户的规模化育肥** 目前，农村以出售老残驴和架子驴居多，很少对驴进行育肥后再出售。提倡有条件的农户就地收购育肥，这样可以减少驴的应激和更换饲料的不适，缩短育肥时间，提高经济效益。

(4) **集约化育肥** 这是今后肉用驴育肥发展的方向，其特点是要设计专门化的育肥驴场，进行大规模的集约化生产，通过工业性机械化设备的使用，大大提高劳动生产率。这种技术要求在圈舍内将不同类别的驴分为若干小群，进行散放式管理。小群间的挡板多为移动式，有利于根据驴群数量的变化调整和机械清粪。圈舍里设自动饮水器和饲槽，圈舍地面铺上沥青。给料由移动式粗饲料分送机和粉状配合饲料分送机完成，除粪由悬挂在拖拉机上的推土铲完成。要求同批育肥的驴（50~100头）有一致的膘情，驴驹肥育时应单独组群。育肥前，要对驴进行检查、驱虫、称重、确定膘情，然后对驴号、性别、年龄和膘情进行登记。通常有10%的驴会因为各种不同的原因，如老龄、胃肠疾病等造成育肥效果不理想，应在10~15天的预饲期中查明原因，将这些驴剔除出群。

（5）**自繁自养式育肥** 自繁自养式育肥包括驴的繁育和驴的育肥，传统的散户常采用此种方式。自繁自养可充分利用粗饲料，降低饲养成本，适用于经济条件较差的地区。

（6）**易地育肥** 易地育肥是指在自然和经济条件不同的地区分别进行驴驹的生产、培育和架子驴的专业化育肥。这也是一种高度专业化的肉驴生产方式。在半牧区或产驴集中而经济条件较差的地区，充分利用当地的饲草、饲料条件，将驴驹饲养到断奶或1岁以后，转移到精饲料条件较好的农区进行短期强度育肥，然后出售或屠宰。一般成年和老龄驴易地育肥效益不如驴驹和青年驴。易地育肥驴的选择要坚持就近的原则，这样可以减少驴的应激，也可以减少驴体重的损失和运输费用。易地育肥驴的运输要注意安全，路途不远时可采取赶运的办法，中远程的距离就要用汽车或火车运输。

驴运回后要安置在干净舒适的环境中，加强饮水，投以优质干草。管理上要加强观察，悉心照料，消除运输造成的影响，恢复体重。待驴适应了新的环境和饲养条件后，再进入育肥阶段。易地育肥可以缓解产驴集中的地区肉驴出栏时间长、精饲料不足、育肥等级低、经济效益差等问题和矛盾。由于加快了驴群的周转，提高了人们繁殖驴的积极性，从而搞活地区经济。

四、掌握肉驴育肥的一般原则

因驴具有胃容积小、贲门紧缩及胃中食糜转移快等消化生理特点，

所以饲养的原则是定时定量,少给勤添。

(1) **定时定量** 有利于后效行为的建立和食物消化吸收。可根据驴体格大小、工作轻重、气候季节等情况,每晚喂 3~4 次,每次喂八成饱,防止消化吸收不良。冬季寒冷夜长,可分早、中、晚、夜饲喂 4 次,春季夏季可增加到 5 次,秋季天气凉爽,每天可减少到 3 次。每次饲喂的时间和数量都要固定,使驴建立正常的条件反射。每天饲喂的时间不应少于 9 小时。要加强夜饲,前半夜以草为主,后半夜加喂精饲料。对于精饲料,每天饲喂量超过体重的 0.5% 时,投喂次数以 2 次或者更多为宜,时间间隔为 10~14 小时,正处于生长发育阶段或者生产中的驴每天喂 3 次。

(2) **少给勤添** 少给勤添可保持饲料新鲜,驴食欲旺盛,促进消化液的分泌,提高饲料转化率。喂驴的草要铡短,喂前要筛去尘土,挑出长草,捡出杂物,料粒不宜过大,每次饲喂要掌握先给草后喂料,先喂干草后拌湿草的原则。拌草的水不宜过多,使草粘住料即可,每顿草料要分多次投放,每顿至少 5 次,采用这些方法的目的是增强驴的食欲,多吃草,不剩残渣。所谓的"头遍草,二遍料,最后再饮到""薄草薄料,牲口上膘"等农谚,都是有益经验的总结。

(3) **适当加工** 驴采食慢,每次可咽下 10~15 克,对体大形长的粗饲料不易采食。因此,应对长茎粗秆饲料进行加工,提高采食速度和饲料转化率。农谚说的"寸草三铡刀,无料也上膘",就是这个道理。当然,由于饲料状况不同和饲养方式的差别,发达国家对此并不以为然。即使谷类饲料,大部分的国家也不主张进行研磨加工,推荐通过制粒、压轧等方式粗略加工处理,其直径一般以 0.5~2 厘米为宜。

(4) **合理搭配** 在注意饲料适口性前提下,要充分利用廉价的粗饲料,适当搭配精饲料,既发挥了粗饲料的生产能力,又降低了成本。一般来说,每天粗饲料的供应量最少不能低于体重的 1%,这样可以预防或减少咬尾、啃木等恶癖。但据测定,喂干草时,唾液分泌量约为采食精饲料的 4 倍;而采食精饲料时,唾液分泌量仅为采食粗饲料时的 1/2。因此"先粗后精"或"先草后料"的喂养方式,可刺激消化液的分泌,提高饲料转化率,也可防止贪食引起消化道疾病。

(5) **循序渐进** 饲料多样化才能做到营养全面。老百姓常说"花草花料,牲口上膘",就是讲营养的互补作用。根据驴的生物学特性,应选择富含蛋白质、粗纤维低、脂肪低、体积小、适口性好、质地柔软、易消化、具有轻泻性的饲料。当然，变换饲料切忌突然，应逐渐调整，特别是从完全的草料向大量精饲料转换时。例如，需要增加谷实类饲料时，可每2~3天时定额增加200克，一直到达到期望水平。突然变换饲料可能会造成应激，引起消化道疾病，如疝痛、便秘等。

（6）饮水适时，慢饮而足　饮水对驴的生理起着重要作用，应做到自由饮水，渴了就饮。驴的饮水要清洁、新鲜，冬季水温以8~12℃为宜。切忌饮冰碴水，要避免"暴饮"和"急饮"，要做到"饮水三提缰"，以免驴发生腹痛影响心脏健康。每次吃完干草后也可饮些水，但饲喂中或吃饱之后不宜大量饮水，因为这样会冲乱胃内分层消化饲料的状态，影响胃的消化。饲喂中可通过拌草补充水分。

五、做好日常管理工作

舍饲驴多半时间在圈舍内度过，圈舍的通风、保暖和卫生状况，对它的生长发育和健康影响都很大。

（1）卫生管理　保持圈舍内干燥，适宜湿度为50%~70%。如果圈内潮湿，细菌容易繁殖，驴易染蹄病；如果遇湿热，驴散热受阻，驴代谢降低，食欲减退，持续时间长易得热射病；若圈舍内潮湿寒冷，驴消耗体热过多，易患感冒等。圈舍内最适宜的温度为20℃，因此要注意冬季防寒，夏季防暑，即使在冬季，圈舍内最低温度也不应低于6℃。要保持圈舍内通风换气良好，尤其在夏季，粪尿、褥草腐败分解会产生氨气和硫化氢，积蓄多了会使驴中毒；再则，换气不好，圈舍内氧容量减少，二氧化碳增多，会影响驴的健康。圈舍内还应有良好的采光，有利于圈舍的干燥，以及驴的钙代谢和神经活动。

（2）刷拭　驴体可用扫帚或铁刷每天刷拭2次。经常刷拭皮肤，可清除皮垢、灰尘和外寄生虫，促进皮肤的血液循环、呼吸代谢、发汗排泄机能的畅通，增进健康。人们常说，"三刷两扫，好比一饱""刷刷创创，强似吃料"，刷拭还可以及时发现外伤。刷拭应按由前往后、由上到下的顺序进行。

（3）蹄的护理　首先是经常保持蹄的清洁和适当的湿度。这就要求驴床平坦、干净、干燥。其次是正确修蹄，肉驴每1.5~2个月修蹄1次，通过蹄的护理，可以发现肢蹄病。常见的肢蹄病有白线裂和蹄叉

腐烂，前者被称为"内漏"，后者被称为"外漏"。治疗这两种蹄病时，都是先除去蹄底腐烂杂物，削去腐烂部分。对白线裂可填上烟丝，对蹄叉腐烂可修蹄后涂以碘酊和填塞松节油布条，然后盖上一块和蹄一样大的铁片，置于蹄铁内钉上，防止泥土脏物进入，很快即可痊愈。

（4）运动　运动对肉驴很重要，它可促进代谢，增强驴体体质。种公驴适当运动可提高精液品质，母驴运动有利于顺产和避免产前不食、妊娠浮肿等。运动量以驴体微微出汗为宜。驴驹拴系过早，不利于它的生长发育，应让其自由活动。

六、掌握不同年龄肉驴的育肥方式

育肥又叫过量饲养，就是给予的营养物质高于维持和生长发育的需要。肉驴的育肥不仅可以使肉驴增重，还可以改善肉品质，增加肌间脂肪，改善肉的香味，从而增加收益。

1. 驴驹的育肥

驴驹育肥的年龄一般在 1~1.5 岁，这是驴驹生长发育的高峰期。驴驹育肥的时间一般在 50~70 天，日粮可消化粗蛋白质为 16%~18%，这一时期驴驹增重主要集中在内脏、肌肉和骨骼。这时，驴驹每天的干物质采食量应占体重 2% 以上。驴驹育肥前，先进行驱虫健胃；育肥时，应实行群养，不设运动场，自由采食，自由饮水，圈舍注意清洁，及时清粪，按规程进行防疫。

2. 青年架子驴的育肥

这种驴的年龄一般在 1.5~2.5 岁，育肥期一般为 5~7 个月，在 2.5 岁前育肥结束。一般青年驴育肥分为 3 个时期。

（1）过渡适应期　引进的青年架子驴易因应激反应强烈而缺水，要注意水的补充，投以优质的青贮饲料。按照强弱、大小分群，饲喂的方法有自由采食和限饲两种。自由采食适用于机械化规模化养殖场，不易控制驴的生长速度；限饲能通过饲喂有效控制驴的生长速度，饲料浪费少。

（2）肥育前期　肥育前期是肉驴育肥的关键阶段，一般为 50 天，这个阶段肉驴要限制运动，日粮可消化蛋白质水平要达到 15%，粗饲料的比例为 60%，这个阶段主要锻炼肉驴对精饲料的适应能力，以后精饲料的比例会逐渐增加。

（3）肥育后期 肥育后期一般为 20 天左右，本阶段为强度肥育期，主要任务是增加脂肪沉积量，改善肉品质。此时日粮浓度和数量均增加，精饲料比例增加至 70%~80%，还要增加饲喂次数，最终目的是快速增重。

3. 去势驴的育肥

非种用的公驴在 1.5~2 岁去势后留做肉用。这种驴具有增重快、饲料转化率高、肉品质好等优点。常用的育肥方法有精料型模式、前粗后精模式、糟渣类饲料模式和放牧育肥模式。其中精料型模式以饲喂精饲料为主，粗饲料为辅，该模式适用于大规模饲养，受市场饲料价格因素影响较大；前粗后精模式是育肥前期喂粗饲料量多，后期喂精饲料量多，该方法能充分发挥肉驴补偿生长的特点，是一种实际生产中常用的育肥模式，前期一般为 160~180 天，饲喂粗饲料的比例为 30%~50%，后期一般为 240 天，饲喂粗饲料比例为 20%~30%；糟渣类饲料是肉驴养殖中饲料的一个重要来源，具有价格低廉、适口性好、来源广泛等优点，合理利用可大大降低肉驴饲养成本，糟渣类饲料可占日粮总营养价值的 35% 左右；放牧育肥模式的营养来源以牧草为主，在我国主要适用于草原或丘陵地区，优点是成本低，节约劳动力，缺点是营养难以把控，育肥时间长。

第七章
做好防疫灭病　向健康要效益

第一节　防疫和疾病防治中的误区

一、思想意识的误区

1. 认为肉驴抵抗力强，很少发病，不用花大力气进行疾病预防

和其他畜禽相比，驴的抗逆性强，对疾病的抵抗力也很强，在以提供辅助劳动力为主的传统养驴方式中，一家一户饲养一头到几头驴，既没有精细的饲料还要承担繁重的农业劳动，但驴也很少发病。因此，有人想当然地认为以产肉为主要目的的肉驴养殖中也不会出现疾病，不必要花大力气进行疾病预防工作。

随着养驴业向肉用化发展，驴的饲养环境、饲养方式、饲料结构等都发生变化，驴的日常活动和生理活动也发生较大变化，天气变化、饲养管理不当、饲料质量不佳等种种因素都会引起肉驴疾病，除了一些传染性疾病以外，驴消化系统、生殖系统及营养代谢等普通疾病的发生率也越来越高。因此肉驴养殖者一定要改变"驴很少发病"的思想意识，重视肉驴疾病的预防工作，从环境、设施设备、饲料、饲养管理等方面，保证肉驴养殖取得预期效益。

2. 认为肉驴养殖中不用接种任何疫苗

畜牧生产过程中疫苗接种是预防传染病的有效手段，我国的畜禽养殖者非常重视疫苗接种工作，免疫疾病种类很多，同一种疫病的疫苗种类和免疫次数也很多，疫苗接种虽然增加了疫苗和劳动力等成本支出，但能在动物疫病防控方面达到较好效果。但一些肉驴养殖者认为驴的传染性疫病相对较少，而且发病率相对较低，只要做好一般性环境消毒工作就不会发生肉驴传染病，特别是一些育肥肉驴养殖者认为肉驴育肥周期比较短，更不必要进行疫苗接种工作。

实际上，肉驴养殖一般都有一定的规模，大量驴聚集在一起，增加了疾病传播的可能性，此外，驴的跨省甚至跨境运输、驴产品和饲料等相关商品频繁交易，人工授精等技术应用都是造成驴疾病传染的因素。驴和其他马属动物一样，病毒性、细菌性、寄生虫性传染病很多，一些疾病已经纳入我国《一、二、三类动物疫病病种名录》，需要按照《动物防疫法》的有关规定进行控制和处理。近几年，我国一些养驴数量较多的地区都不同程度地发生流感、流产、马腺疫等病，严重危害了驴的繁育、生长发育和育肥效果。我国肉驴疫苗研究和生产已经取得很大成绩，在驴流感和驴流产等疾病防控方面效果良好。炭疽芽孢菌苗、破伤风类毒素等常规疫苗也在肉驴生产中广泛应用。因此，建议肉驴养殖者根据当地肉驴疾病发生特点，在当地畜牧兽医部门的指导下做好肉驴的疫苗接种工作，避免因传染病的发生而影响肉驴养殖效益。

目前，我国用于驴的疫苗种类还较少，规模肉驴养殖场每年春季对驴进行炭疽芽孢菌苗的预防接种，以预防炭疽病。对经济价值较高的种驴定期注射破伤风类毒素。流感多发地区可以用中国农业科学院哈尔滨兽医研究所研发的马流感灭活疫苗肌内注射。流产弱毒活菌疫苗已经恢复生产，主要用于妊娠1个月以上的母驴，也可用于未受胎的母驴或公驴。

3. 认为只要做了消毒和免疫，肉驴就不会发病

有人认为只要进行了防疫消毒和免疫注射肉驴就不会发生疾病，这种意识也是错误的。消毒只是在一定的时段内减少了环境中病原微生物的数量，任何一种消毒方法都存在消毒盲区，况且许多病原微生物都可以通过空气、飞禽、鼠虫等多种传播媒介进行传播，即使采取严密的消毒措施，也很难全部切断传播途径。免疫接种也只是提高肉驴对特定疾病的免疫力。肉驴疾病防控除了做好防疫消毒和免疫工作外，要从基础建设、饲养管理等各方面采取综合的生物安全措施保证肉驴生产安全进行。

二、防疫消毒的误区

1. 出栏后和入舍前不进行彻底消毒

消毒是指用物理的、化学的或生物的方法消除或杀灭畜禽体表、生活环境及相关物品中的病原微生物。病原微生物又叫病原体，主要包括细菌、病毒、真菌、放线菌、支原体、衣原体、立克次体、螺旋体等。病原微生物是不同于植物也不同于动物的特殊生物，在发生传染病时（包括隐性感染时），患病畜禽的粪便、分泌物、渗出物、排泄物中含有大量的病原微生物，养殖圈舍内及周围环境中的水、土壤、空气、设备、器具都可能受到污染，这些病原微生物有的可以存活数小时，但有一部分可存活较长时间。养过肉驴的圈舍中也会存在大量病原微生物，特别是发生过疾病的驴舍中病原微生物数量多、存活时间长、感染力强，在适宜条件下就会大量繁殖，感染健康动物引起发病。因此，一批肉驴出栏后就要通过清扫、冲洗等物理方法和消毒剂喷洒、熏蒸、浸泡等化学方法彻底消毒，下一批肉驴入舍后就不会受到病原微生物的侵袭。

2. 消毒程序不合理

有的肉驴养殖场虽然意识到了防疫消毒工作的重要性，也配备了必需的防疫消毒设备和消毒药，但在实际消毒过程中仍然存在消毒程序不合理现象。

（1）平时不消毒，只在出现疾病时才进行消毒　消毒的主要目的是杀灭肉驴养殖环境中的病原微生物，避免病原微生物入侵肉驴体内引起疾病发生。出现疾病时，病驴会排出大量病原微生物，引起新的个体发病，此时消毒非常必要。肉驴群没有疾病发生的情况下，环境中也有可能已经存在病原微生物，只有定期进行严格的消毒才能最大限度地保证肉驴免受病原微生物感染。

（2）消毒时机和消毒时间不合理　消毒效果受外界因素影响很大，消毒时机和消毒时间掌握不好就很难达到理想的消毒效果。肉驴出栏后、新转入肉驴入舍前、天气变化时、发生疫情时要进行重点消毒。平时按常规程序消毒时也要把握好时间，夏季正午温度很高时消毒，消毒药很快蒸发，起不到消毒效果。冬季环境温度较低、雨雪或潮湿环境也会降低消毒效果，所以夏季要选择早晚气温较低时消毒，冬季选择正午温度较高时进行。

（3）消毒剂使用不合理　长期使用同一类型的单一消毒剂，会使细菌、病毒等病原微生物产生耐药性，给以后杀灭细菌、病毒增加难度。消毒剂的贮存、配制方法不当，会降低消毒剂的消毒效果。最好的办法是一个肉驴养殖场选择几种不同类型、种类的消毒剂交替使用，在消毒剂的保管和使用过程中严格按照使用说明进行操作，以提高消毒效果。

三、疾病防治中的误区

1. 疾病预防措施不到位

（1）**生物安全隔离不到位**　引进种驴、架子驴，采购饲料产品时，没有认真考察、科学判断外地是否存在疫情，对从外地引进的种驴、架子驴没有隔离饲养并进行健康检疫就进场合群。肉驴养殖场与外界、场内管理区与生产区、生产区各圈舍都没有有效的隔离设施，有的肉驴养殖场甚至没有专门的粪污处理区和病驴隔离饲养区。一些肉驴养殖场防疫制度执行不严格，工作人员、外来业务人员及各种车辆随意进出肉驴养殖区，未进行任何消毒处理。这些隔离措施的缺失都是造成疾病传播的条件。

（2）**场区环境控制不到位**　有的肉驴养殖场建立时选址不科学，驴舍和运动场地势低洼，雨水和污水不易排出，加上驴的粪尿混合在一起，驴长期生活在这样的环境里，极易发生各种疾病。

（3）**饲养管理不到位**　饲养管理措施不当，一方面直接引起肉驴发病，另一方面因饲养管理不当造成肉驴机体免疫力下降，容易患病。例如，饲料质量不佳会引起各种消化系统疾病，饲料配方不合理或饲喂不当会引起各种营养代谢性疾病，有的养殖户不注意肉驴蹄部管理保健会引起各种蹄部疾病，还有一些肉驴皮肤病都和饲养管理不到位有关。饲养管理好的肉驴养殖场，疾病发生率明显低于管理较差的养殖场。

（4）**预防措施不到位**　肉驴免疫接种、季节性健胃、驱虫，驴驹及新购入驴群的检疫、免疫、健胃、驱虫工作非常必要。除了大规模肉驴养殖企业外，一般中小规模的肉驴养殖场和大量散养户往往不重视这些工作，驴对较为恶劣的环境和普通疾病有较大的耐受性，有时即使患了病也能吃些草料、喝点水，在有外界应激因素存在的情况下如果不能做好预防措施，等到驴食欲、饮欲废绝，病情比较严重时再进行治疗，往往收不到较好的效果。

2. 疾病治疗不科学

（1）**疾病诊断不清，随意采取治疗措施**　由于思想意识、资金投入等方面的原因，大多中小规模的肉驴养殖场都没有配备专业的兽医人员，肉驴疾病处理由饲养员或其他非专业人员完成。这些人员的诊治过程存在很大的随意性，耽误了肉驴疾病的治疗。例如，以腹泻为主要症状的驴驹疾病，其病因有病毒、细菌、寄生虫及消化不良等几种，非专业人员治疗时往往一味采用抗生素治疗，达不到治疗效果，甚至造成较大损失。编者曾在生产实践中见到饲养员将母驴产后子宫脱出误认为是胎衣不下，然后粗暴撕扯造成驴大出血死亡的案例。

(2) 药物使用方面存在问题　乱用药、滥用药、药物用法用量不规范、使用人用药品甚至一些违禁药品的问题在一些养殖户，特别是一些散养户中还有存在。药物使用不合理除了在肉驴养殖中引起一些问题外，还会引发肉驴产品药物残留、环境污染等一系列社会问题。

第二节　做好防疫消毒工作的主要措施

一、掌握常用的消毒方法

1. 物理消毒

(1) 机械消毒　机械消毒是指用清扫、洗刷、通风和过滤等机械手段消除病原体的方法，也是最常用、最普遍的消毒方法。机械消毒法必须和其他消毒法同时使用才有效。

1) 清扫。用清扫工具清除畜舍、场地、环境、道路等处的粪便、污物等。清扫前应该先喷洒清水或消毒液，避免病原微生物随尘土飞扬，对沾有粪便形成的干痂，须用洗涤剂或消毒药物（如洗衣粉或百毒杀等）喷洒浸润4小时后，才能很好清除。清扫顺序为先上后下、先内后外。清扫要全面、彻底，不留死角。

2) 洗刷。用清水或消毒液对消毒对象进行洗刷。除动物体表以外，用高压水龙头冲洗效果最好。

3) 通风。采取开启门窗、天窗，起动排风换气扇等方法进行通风。通风本身并不能杀死病原微生物，但通风可以把畜舍内的污秽气体和水汽排出室外，使病原微生物暴露在阳光和干燥空气中，间接杀菌。更重要的是通风能在短时间使舍内空气清洁、新鲜，大大减少空气中的病原微生物数量，降低感染风险，对预防那些经空气传播的传染病有一定意义。

(2) 热力消毒 热力消毒包括火焰消毒、煮沸消毒、流动蒸气消毒、高压蒸汽灭菌、干热灭菌等。热力消毒能使病原微生物蛋白凝固变性,失去正常代谢机能,从而达到消除病原微生物的效果。

1) 火焰消毒。用于一般金属器械和动物尸体等,简便经济,效果明显。应用这种方法消毒时,一定注意防火和避免人员伤害。

2) 煮沸消毒。用于耐煮物品及一般金属器械,在温度为100℃条件下,1~2分钟即完成消毒。但对芽孢则需增加消毒时间,炭疽杆菌芽孢需煮沸30分钟,破伤风芽孢需煮沸3小时,肉毒杆菌芽孢需煮沸6小时。为了加强消毒效果,对金属器械、棉织物消毒时,可加1%~2%碳酸钠或0.5%肥皂水等碱性剂,溶解脂肪,增强杀菌力。物品煮沸消毒时,应浸于水面下,液位不可超过容器的3/4。

3) 流动蒸汽消毒。用于玻璃器械、金属器械、棉织物等。于相对湿度80%~100%、温度近100℃,利用水蒸气在物体表面凝聚,放出热能,杀灭病原微生物。

4) 高压蒸汽灭菌。用于玻璃器械、棉织物等。通常压力为105千帕、15~20分钟可彻底杀灭细菌及芽孢。

5) 干热灭菌。用于玻璃容器、金属器械等。干热灭菌时需温度为160~170℃、1~2小时才能杀灭病原微生物。

(3) 辐射消毒 辐射消毒方法包括紫外线、微波、电离辐射等,肉驴养殖场常用日光暴晒法和紫外线消毒。长时间暴晒可杀灭耐力低的环境性微生物。紫外线波长范围为210~328纳米,杀灭病原微生物的波长为200~300纳米,以波长为250~265纳米作用最强。紫外线穿透力差,广泛用于空气及一般物品表面消毒,对物品无损伤,多在生产区进出口使用。照射人体时间过长易发生皮肤红斑、紫外线眼炎和臭氧中毒等,所以照射人体时间应控制在3~5分钟。

2. 化学消毒

化学消毒指用化学消毒药物作用于病原微生物,使其蛋白质变性,失去正常功能而死亡。化学消毒剂的使用方法包括:

(1) 喷雾消毒 利用一定浓度的次氯酸盐、过氧乙酸、有机碘混合物、新洁尔灭等,用喷雾装置进行环境喷雾消毒,主要用于清洗完毕后的圈舍喷洒消毒、带畜环境消毒、养殖场道路、周围环境及进入场区的车辆消毒。

（2）浸泡消毒　用一定浓度的新洁尔灭、有机碘混合物，浸泡兽医器械和手部、工作服等。

（3）喷洒（撒）消毒　喷洒2%~5%氢氧化钠或撒生石灰杀死细菌和病毒，用于圈舍周围、入口及病死畜污染区域等消毒。

（4）熏蒸消毒　用福尔马林（37%甲醛）、环氧乙烷、过氧乙酸等对可密闭的房舍、空间进行消毒。福尔马林仅用于空舍消毒（不能带畜消毒）。福尔马林熏蒸时，按每立方米空间用福尔马林30毫升、高锰酸钾15克，再加等量水，密闭熏蒸12~24小时，开窗换气后待用。该方法用于产房、饲料库、饲料加工车间等密闭场所。

3. 生物热消毒

生物热消毒法是指利用嗜热微生物生长繁殖过程中产生的高热来杀灭或清除病原微生物的消毒方法。生物热消毒法是一种最常用的粪便污物消毒法，这种方法能杀灭除细菌芽孢外的所有病原微生物。

（1）生物热消毒的原理　粪便污物生物热消毒是将收集的粪便堆积起来后，利用粪便缺氧环境，粪中的嗜热厌氧微生物在缺氧环境中大量生长并产生热量，能使粪中温度达60~75℃，这样就可以杀死粪便中的病毒、细菌（不能杀死芽孢）、寄生虫卵等病原微生物。

（2）生物热消毒的分类　生物热消毒法包括发酵池法和堆粪法两种。

1）发酵池法。该法适用于液体型粪便的发酵消毒处理。

2）堆粪法。该法适用于固体型粪便的发酵消毒处理。

二、了解消毒剂种类和常用消毒剂

1. 消毒剂的种类

目前常用的消毒剂包括酸碱类消毒剂、季铵盐类消毒剂、醛类消毒剂、氧化消毒剂、醇类消毒剂、卤素类消毒剂等。

（1）酸碱类消毒剂　酸碱类消毒剂常用于家畜饲养过程中场区、圈舍地面、污染设备（可防腐的）、各种物品，以及含有病原体的排泄物、废弃物的消毒。如氢氧化钠、生石灰，常用于消毒池、无畜场所、运动场等。2%~5%氢氧化钠作用30分钟以上可杀灭各种病原体，高浓度氢氧化钠可烧伤组织，对铝制品、绵、毛织品、车漆有损害，应注意防护。10%~20%石灰水可用于围栏、墙壁消毒，对细菌、病毒有杀灭作用,但对芽孢无效。生石灰吸收空气中的二氧化碳变成碳酸钙而失效,应注意保存。

(2) 季铵盐类消毒剂 季铵盐类消毒剂目前大多按照单链季铵盐、双链季铵盐、聚季铵盐分类,生产中常用的有单链季铵盐类消毒剂(新洁尔灭)和双长链季铵盐类消毒剂如双季铵盐、双季铵盐络合碘。此类药物安全性好、无色、无味、无毒,应用范围广,对各种病原体均有强大的杀灭作用。

(3) 醛类消毒剂 此类消毒剂主要有戊二醛、甲醛、丁二醛和乙二醛及其复合制剂。此类消毒剂的抗菌谱广、杀菌作用强,具有杀灭细菌、芽孢、真菌和病毒的作用,而且价格便宜。醛类消毒剂多用于圈舍的环境消毒。但因为此类消毒剂对人畜有较强的刺激性且挥发较快、性质不够稳定等缺点,使用受到一定的限制。福尔马林常用于空舍消毒(不能带畜消毒)。

(4) 氧化消毒剂 如过氧化氢、过氧乙酸、高锰酸钾等。过氧化氢在较低浓度时可快速灭活多种微生物,如致病性细菌及芽孢、酵母、真菌孢子、病毒等,并生成无害的分解产物(水和氧气)。过氧乙酸的复方消毒液,对悬液中大肠杆菌、金黄色葡萄球菌、枯草芽孢杆菌及白色念珠菌的杀灭效果良好。此类消毒剂在酸性条件下效果增强,特别适合饮水消毒,但此类消毒剂易分解失效,应密闭、避光、低温保存,而且高浓度的过氧乙酸腐蚀性强,药液配制应在搪瓷容器或玻璃容器中进行。过氧乙酸可用于运输工具、家畜等消毒,使用时配成 0.2%~0.5% 的溶液喷雾。高锰酸钾则配成 0.1%~0.5% 的溶液用于畜体消毒。

(5) 醇类消毒剂 醇类消毒剂主要用于皮肤、器械等的消毒,如 75% 的酒精。

(6) 卤素类消毒剂 卤素(包括氯、碘等)对细菌原生质及其他结构成分有高度的亲和力,易渗入细胞,之后和菌体原浆蛋白的氨基或其他基团相结合,使其菌体有机物分解或丧失功能呈现杀菌作用。在卤素中,氟、氯的杀菌力最强,其次为溴、碘,但氟和溴一般不用于消毒。常用的此类消毒剂包括次氯酸钠、碘酊、复方络合碘等。

2. 消毒剂的选择

(1) 选择消毒剂时的注意事项 在选择化学消毒剂时应考虑它对病原体消毒力强弱、对人、畜毒性大小、是否损害被消毒物体、是否易溶

于水、在环境中能否有较好的稳定性、是否价廉易得且使用方便。由于消毒剂种类很多,选择时要综合考虑以下几点。

1)根据本地区的疫病种类、流行情况和疫病发展趋势,选择两种或两种以上不同性质的消毒剂。

2)依据本场的疫病种类、流行情况和消毒对象、消毒设备、畜舍条件等实际情况,在不同的时期选择适合本场的消毒剂,选择效力强、稳定性好、渗透性强、毒性低、刺激性和腐蚀性小的消毒剂,且应价格合理。

(2)影响消毒剂作用效果的因素 消毒剂的消毒不但与本身质量和含量有关,而且受使用浓度、作用时间、环境温度等许多外界因素的影响,在生产实践中应充分注意。

1)浓度。通常情况下,消毒剂浓度越高,抗菌作用越强,但达到一定程度后效果不再增加。一般的消毒剂浓度低可以抑菌,浓度高可以杀菌,但乙醇(俗称"酒精")以70%~75%浓度消毒效果最好。在配制消毒剂时,不能依靠感觉或嗅觉,不能认为有刺激性气味就代表有效,结果往往不是浓度过高,就是过低。此外,即使按照产品使用说明书正确配制了消毒剂,使用方式不正确时,如用盆等小容器泼洒等,往往造成喷洒不均,导致局部消毒剂浓度过高或过低,影响消毒效果。

2)作用时间。消毒时,必须维持足够时间才能达到消毒的目的。不同的消毒剂和不同的处理方法,所需的时间并不一样。如碘酊消毒皮肤,仅几秒钟即可,术者手臂的浸泡消毒时间一般为3~5分钟,一般药液浸泡消毒需30分钟以上,熏蒸消毒一般需24小时以上。由于一般消毒剂用水稀释后稳定性变差,所以要现用现配,一次用完,久经存放的经水稀释后的消毒剂即使与微生物作用再长的时间,消毒效果也不会理想。

3)有机物。有机物特别是含蛋白质的有机物的存在,会为病原微生物形成一层保护罩,阻止消毒剂和病原体接触,或者与消毒剂直接作用,使消毒剂作用降低或失效。因此,消毒之前,必须清除需消毒处的粪便、饲草、血污、脓汁等污物。

4)微生物种类。微生物种类不同,对消毒剂的敏感度大不相同。一般来说,细菌芽孢对消毒剂抵抗力强,而繁殖体抵抗力弱。同一种病原微生物对不同的消毒剂,敏感程度也不一样,消毒时选择合适的消毒剂很重要。

5）化学拮抗物。消毒剂配制时还要特别注意配伍，如碱性消毒剂与酸性消毒剂，阳离子表面活性剂与阴离子表面活性剂接触，会导致消毒作用降低甚至消失。如苯酚不能与溴、高锰酸钾、过氧化氢配伍；碘附不能与高锰酸钾配伍；漂白粉不能与硼酸、盐酸配伍；新洁尔灭不能与碘、碘化钾、过氧化物配伍等。消毒剂配制前要仔细阅读产品说明书。

6）温度。一般来说，温度越高，消毒效果越好，温度每增加10℃，消毒效果提高1~2倍。同为氢氧化钠，热溶液的消毒效果更好，这一点在冬季消毒时更要考虑。值得注意的是，过氧化物类消毒剂在低温时仍有杀菌和抗芽孢能力。

7）消毒空间。以密闭最理想，特别是熏蒸消毒时，风、雨、雪都可能影响消毒效果。畜舍环境中，氨气浓度过高会导致环境pH升高，会影响酚类、含氯消毒剂及碘附等的消毒效果。

8）消毒剂的有效期、保存方法、使用方法。规定有保质期或有效期的消毒剂，必须在规定期限内使用；易挥发的消毒剂如乙醇、过氧乙酸等必须密闭保存；能与空气成分发生反应而降低药效的消毒剂如氢氧化钠、氢氧化钾、生石灰等应隔绝空气保管，以免降效或失效。

9）抗药性。病原微生物在消毒剂的压力下会发生变异，从而产生抗药性。长期在同一场所使用同一种或同一类消毒剂，病原微生物就很容易产生抗药性，所以应轮换用药。使用不同的消毒剂，病原体产生抗药性的可能性是不同的。如使用强碱类消毒剂时，病原微生物很少产生抗药性。

3. 常用消毒剂

(1) 漂白粉　卤素类消毒剂，灰白色粉末状，有氯臭，难溶于水，易吸潮分解，宜密闭、干燥处储存。杀菌作用快而强，价廉而有效，广泛应用于栏舍、地面、粪池、排泄物、车辆、饮水等消毒。饮水消毒时，可在1000千克自来水或井水中加6~10克漂白粉，10~30分钟后即可饮用；用于地面和路面，可撒干粉再洒水；用于粪便和污水，可按1：5的用量（即1份漂白粉，5份粪便和污水），一边搅拌，一边加入漂白粉。

(2) 二氧化氯消毒剂　卤素类消毒剂，是国际上公认的新一代广谱强力消毒剂，被世界卫生组织列为A1级高效安全消毒剂，杀菌能力是氯气的3~5倍；可应用于畜禽活体、饮水、鲜活饲料消毒保鲜、栏舍空气、地面、设施等环境消毒、除臭；本品使用安全、方便，消杀除臭作用强,单位面积使用价格低。

(3) 二氯异氰尿酸钠 卤素类消毒剂,使用方便,主要用于养殖场地喷洒消毒和浸泡消毒,也可用于饮水消毒,消毒力较强,可带畜消毒。使用时按说明书标明的消毒对象和稀释比例配制,产品有氯毒杀等。

(4) 二氯异氰尿酸钠烟熏剂 卤素类消毒剂,本品用于畜禽栏舍、饲养用具的消毒;使用时,按每立方米空间2~3克计算,置于畜禽栏舍,关闭门窗,点燃后即离开,密闭24小时后,通风换气即可。

(5) 百毒杀 双链季铵盐广谱杀菌消毒剂,无色、无味、无刺激和腐蚀性,可带畜、禽消毒。配制成0.03%或相应的浓度用于畜禽圈舍、环境、用具的消毒,0.01%浓度用于饮水消毒。

(6) 东立铵碘 双链季铵盐、碘复合型消毒剂,对病毒、细菌、霉菌等病原体都有杀灭作用。可供饮水、环境、器械和畜禽等消毒;饮水、喷雾、浸泡以1∶2000的比例稀释,发生疫情时以1∶1000的比例稀释消毒。

(7) 菌毒灭 复合双链季铵盐灭菌消毒剂,具有广谱、高效、无毒等特点,对病毒、细菌、霉菌及支原体等病原体都有杀灭作用;饮水以1∶2000的比例稀释;日常对环境、栏舍、器械消毒(喷雾、冲洗、浸泡)以1∶1000的比例稀释;发生疫情时以1∶300的比例稀释。

(8) 福尔马林 醛类消毒剂,是浓度为37%的甲醛,有广谱杀菌作用,对细菌、真菌、病毒和芽孢等均有效,在有机物存在的情况下也是一种良好的消毒剂,缺点是有刺激性气味。日常以2%~5%溶液用于喷洒墙壁、地面、料槽及用具等消毒;房舍熏蒸时按每立方米空间量取福尔马林30毫升计算,将其置于一个较大容器内(至少10倍于药品体积),每立方米空间加高锰酸钾15克,事前关好所有门窗,密闭熏蒸12~24小时,再打开门窗去味。熏蒸时室温不低于15℃,相对湿度在70%左右。

(9) 过氧乙酸 氧化消毒剂,纯品为无色澄明液体,易溶于水,为强氧化剂,有广谱杀菌作用,作用快而强,能杀死细菌、霉菌芽孢及病毒,不稳定,宜现配现用。0.04%~0.2%溶液用于耐腐蚀小件物品的浸泡消毒,消毒时间为2~120分钟;0.05%~0.5%浓度或以上喷雾,喷雾时消毒人员应戴防护目镜、手套和口罩,喷后密闭门窗1~2小时;3%~5%溶液可用于加热熏蒸,每立方米空间用2~5毫升,密闭熏蒸1~2小时。

(10) 氢氧化钠 又称苛性钠、烧碱或火碱,碱类消毒剂,粗制品为白色不透明固体，有块、片、粒、棒等形状；溶液状态的俗称液碱，主要用于场地、栏舍等消毒。2%~4% 溶液可杀死病毒和繁殖型细菌，4% 溶液 45 分钟杀死芽孢，30% 溶液 10 分钟可杀死芽孢，如果加入 10% 食盐能增强杀灭芽孢的能力。实践中常以 2% 溶液用于消毒，消毒 1~2 小时后，用清水冲洗干净。

（11）**石灰** 又称生石灰，碱类消毒剂，主要成分是氧化钙，加水即成氢氧化钙，俗名熟石灰或消石灰，具有强碱性，但水溶性小，解离出来的氢氧根离子不多，消毒作用不强。1% 石灰水杀死一般的繁殖型细菌需要数小时，3% 石灰水杀死沙门菌要 1 小时，对芽孢和结核菌无效。其特点是价廉易得。生产中，常用 20 份石灰加水至 100 份，制成石灰乳，涂刷墙体、栏舍、地面等，或直接加石灰于被消毒的液体中，或撒在阴湿地面、粪池周围及污水沟等处消毒。

（12）**戊二醛** 在酸性溶液中较稳定，但杀菌效果差，在碱性液中能保持 2 周，并能提高杀菌效果。因此，常在 2% 戊二醛内加 0.3% 碳酸氢钠，校正 pH，增强杀菌效果，可保持稳定性 18 个月。具有无腐蚀性、广谱、速效、低毒等优点，可广泛用于细菌、芽孢和病毒消杀菌毒。不宜用于皮肤、黏膜消毒。

（13）**环氧乙烷** 低温时为无色液体，沸点为 10.8℃，所以常温下为气体灭菌剂。其作用机理为通过烷基化破坏微生物的蛋白质代谢。常用的环氧乙烷的浓度为 0.4~0.8 克 / 升。温度升高 10℃，杀菌力可增强 1 倍以上，相对湿度为 30% 时灭菌效果最佳。具有活性高、穿透力强、不损伤物品、不留残毒等优点。因穿透力强，适合在密闭环境中进行消毒。须避开明火以防爆。消毒后通风防止吸入。

【注意】

肉驴养殖场完成防疫消毒工作的同时要做好消毒登记工作，为进行消毒效果评价、消毒工艺改进及生产成本核算等提供素材。

【提示】

消毒前检查消毒设施设备，消毒剂配制和使用时注意安全，采取必要的防护措施，避免意外或人身伤害，特别是火焰消毒和有腐蚀、刺激性消毒剂使用时，一定注意防止意外发生。

三、正确处理病死驴及废弃物

根据相关法律法规规定,病死驴不准出售,病死驴及废弃物的处理应在指定地点烧毁和深埋等,以免疫情传播。因传染病和其他需要处死的病驴,应在指定地点进行扑杀,尸体处理应按《病死及病害动物无害化处理技术规范》(农医发〔2017〕25号)的规定处理。肉驴养殖场废物应实行无害化、资源化处理。肉驴养殖场污染物排放应符合 GB 18596—2001《畜禽养殖业污染物排放标准》。

1. 病死驴的处理

病死驴若处理不适当,尸体腐烂变质不仅会产生恶臭,污染空气,影响环境卫生,同时也会成为一个污染源,传播、扩散疾病,危害人畜健康。所有病死驴应按照《病死及病害动物无害化处理技术规范》的规定进行无害化处理,常用的尸体无害化处理有焚烧、高温蒸煮、掩埋、化制及化学处理等方法。

(1) **焚烧法** 将病死及病害动物和相关动物产品或破碎产物,投至焚烧炉本体燃烧室,燃烧室温度应不低于850℃。经充分氧化、热解,产生的炉渣经出渣机排出。焚烧炉渣与除尘设备收集的焚烧飞灰应分别收集、贮存和运输。焚烧炉渣按一般固体废物处理或做资源化利用;焚烧飞灰和其他尾气净化装置收集的固体废物需按 GB 5085.3—2007《危险废物鉴别标准 浸出毒性鉴别》要求作危险废物鉴定,如属于危险废物,则按 GB 18484—2020《危险废物焚烧污染控制标准》和 GB 18597—2023《危险废物贮存污染控制标准》要求处理。焚烧处理尸体的消毒最为彻底,但需专门的设备,且消耗能源,成本较高。

(2) **高温法** 将病死及病害动物和相关动物产品或破碎产物送入容器内,向容器内输入油脂,容器夹层经导热油或其他介质加热。常压状态下,维持容器内部温度不低于180℃,持续时间不低于2.5小时(具体处理时间随处理物种类和体积大小而设定)。加热产生的热蒸气经废气处理系统后排出。加热产生的动物尸体残渣传输至压榨系统处理。

(3) **掩埋法** 将动物尸体直接埋入土壤中,微生物在厌氧条件下分解尸体,杀死大部分病原微生物。土埋坑的大小应根据死亡动物尸体量确定,一般不小于动物总体积的2倍。深埋坑底应高出地下水位1.5米以上，要防渗、防漏。坑底洒一层厚度为 2~5 厘米的生石灰或漂白粉等消毒剂。将动物尸体及相关动物产品投入坑内，最上层距离地表 1.5 米以上。深埋覆土不要太实，以免腐败产气造成气泡冒出和液体渗漏。深埋后坑周围应立即用氯制剂、漂白粉或生石灰等消毒剂对深埋场所进行 1 次彻底消毒，并设置明确掩埋标识。另外，污染的饲料、杂物和排泄物等物品，也应喷洒消毒剂后与尸体共同深埋。掩埋法是一种最简单、最常用的有效处理动物尸体的方法。掩埋法只适用于处理非传染病死亡的个体，发生动物疫情或自然灾害等突发事件时病死及病害动物的应急处理，以及边远和交通不便地区零星病死畜禽的处理，不得用于患有炭疽等芽孢杆菌类疫病和其他传染性疾病的染疫动物及产品、组织的处理。

2. 废弃物的处理

（1）医疗废弃物的无害化处理　医疗废弃物主要包括纱布、棉球、手套、毛巾、擦布、一次性注射器、空药物容器、废弃的手术刀、破碎的温度计等。这些医疗废弃物存在一定的传染性、生物毒性、腐蚀性和危险性，因此必须妥善处理。在这些医疗废弃物中，产生量最大的是空药物容器，这些废弃物应由有专业资质的单位回收处理。在交付处理前，空药物容器和其他医疗设备应存放在安全的地方。目前，医疗固体废物的处理方法有高压蒸汽灭菌法、化学消毒法和卫生填埋法。

1）高压蒸汽灭菌法。该方法是将医疗垃圾在 105 千帕、121℃条件下处理 20 分钟，能杀灭一切微生物，是一种简便、可靠、经济快速和容易被公众接受的灭菌方法。

2）化学消毒法。该方法适用于那些可以重复使用但不宜用高压蒸汽灭菌法处理的器械、物品，如医用液体玻璃容器。医用液体玻璃容器材质为高温钙钠，不具有可燃性，但也不能用焚烧法来处理，用过氧乙酸浸泡消毒大批量玻璃容器比较理想。过氧乙酸使用方便，效果可靠，消毒后的残液最终分解为水和氧气且无有害物质残留，消毒后的玻璃容器可实现二次利用。

3）卫生填埋法。该方法是医疗废物的最终处理方法，将经过前两种方法处理后的医疗废物送到卫生填埋场进行最终处置。

（2）粪尿、褥草等生产垃圾的处理　利用生物发酵、焚烧等方法进行无害化处理。

  【提示】

　　尸体及废弃物无害化处理设备投资大，环评要求高，一般规模的肉驴养殖场可以与当地专业化的处理机构签订合同，由他们代为处理。

第三节　肉驴常见病防治技术

一、肉驴疾病诊断技术

　　驴病的诊断方法与其他家畜一样，即采用中兽医的望、闻、问、切和现代兽医学的听诊、测量体温、化验检查和仪器诊断等。关键是做到早发现、早诊断、早采取相应治疗措施，把疾病损失降到最低。

　　1. 临床诊断

　　临床诊断可以从平时吃草、饮水、精神状态、耳鼻温度、粪便等方面进行观察比较，判断驴是否正常。

　　（1）**健康驴的精神状态和临床表现**　　健康驴不论圈养还是放牧，都表现为两耳竖立，活动自如，头颈高昂，精神抖擞，特别是公驴相遇或发现远处有同类时，则昂头凝视，大声鸣叫，跳跃并试图接近。吃草料时站立不动，咀嚼有力，格格发响。若有人从槽旁走过，则鸣叫不已。母驴发情时不时发出"吧唧嘴"的声音。健康驴的口色浅红、光润，耳、鼻温和，不凉不热；粪球硬度适中，外表湿润光亮，初时为草黄色，时间稍久变为褐色；被毛光润，时而喷动鼻翼，即"打吐噜"。

　　（2）**病驴的精神状态和临床表现**　　病驴低头耷耳，精神不振，耳鼻发凉或过热，病初采食和饮水量减少，随疾病发展可能勉强能吃点草料，但不饮水，疾病中后期肉驴食欲、饮欲废绝，精神委顿，被毛粗乱，眼神迟滞，行动缓慢或呆立不动。

  【注意】

　　有的驴虽一夜不食，退槽而立，但只要耳、鼻温和，体温正常，可视为无病，黎明或转天即可进食，饲养人员称之为"瞪槽"。

　　（3）**观察眼结膜**　　单侧眼结膜潮红，常为局部结膜炎所致；若双侧均潮红，除眼病外，多为有全身性疾病的标志，如热性病；结膜苍白（颜色变浅）是贫血的特征；结膜发绀（呈蓝紫色），表明机体缺氧或血流过缓，毛细血管内瘀血或因毒物使血红蛋白变性；结膜黄疸，是体内胆红素代谢障碍所致，如肝炎、胆道阻塞、溶血等。

（4）观察粪球情况 粪便干硬且沾有黏液，饮水减少，可能是得了胃肠炎。出现异食癖，时而啃咬木桩或槽边，饮水不多，精神不减，则可能发生了急性胃肠炎。

2. 测量体温诊断

在养驴生产过程中，从驴的体温一般能判断出是病驴还是健康驴，所以经常测量驴的体温非常重要。一般是测量直肠体温，其步骤是：测温前先把体温计的水银柱甩到35℃以下，涂上润滑剂或水，检查人站在驴的正后方，一只手提尾，另一只手将体温计斜向前上方徐徐捻转插入肛门内，用体温计夹子夹在尾根部尾毛上，3~5分钟后取出查看。测温后应将体温计擦干净，并将水银柱甩下以备再用。成年健康驴体温为37~38℃，驴驹、青年驴略高些。健康驴的体温一天内略有变化，一般上午低，午后略高，上、下午体温相差0.5~1℃。测量体温方法见视频7-1。

视频7-1 驴体温测量

【注意】

驴经过剧烈运动、日晒、大量饮水后，应休息半小时后再测体温。

【提示】

体温低的病驴，通常是患了大失血、内脏破裂、中毒性疾病或者将要死亡。体温高于正常范围并伴有其他发热症状的，则可判断驴已发热。体温升高1℃以内的为微热、升高2℃以内的为中热、升高2℃以上的为高热。

【小经验】

对诊断驴病意义较大的热型有以下3种：①稽留热，如连续高热3天以上，而且每天温差在1℃以内，病驴则可能患有传染性胸膜肺炎、驴驹副伤寒等。②弛张热，病驴体温每天温差在1℃以上，而又降不到正常体温，病驴则可能患有化脓性疾病、败血症或支气管肺炎等。③间歇热，如果病驴发热与不发热交替出现，病驴就可能患有慢性结核、焦虫病或者锥虫病。

3. 实验室和仪器诊断

有条件的养殖场可购置设施设备，配备专业人员完成该项工作。一般养殖场在当地畜牧兽医部门的指导下完成病料采样、送检，由专业机构完成肉驴疾病诊断。

二、肉驴疾病治疗技术

1. 保定

保定是进行肉驴疾病治疗的第一步，在给肉驴灌药、注射、涂抹外用药物及手术治疗前都要先做好安全可靠的保定工作。

（1）**鼻捻子保定** 将鼻捻子的绳套套于左手并夹于指间，右手抓住笼头，持有绳套的手自鼻梁向下轻轻抚摸至上唇时，迅速有力地抓住驴的上唇，此时右手离开笼头，将绳套套于唇上，并迅速向一方捻转鼻捻子把柄，直至拧紧为止。

（2）**耳夹保定** 先将一只手放于驴的耳后颈侧，然后迅速抓住驴耳，持夹的另一只手迅即将耳夹放于耳根部并用力夹紧，此时应握紧耳夹，以免因驴的骚动、挣扎而使耳夹脱手甩出甚至伤人等。

（3）**单柱栏保定** 缰绳系于柱栏上。也可利用树桩等进行简易保定。

（4）**二柱栏保定** 将驴牵至柱栏左侧，缰绳系于横梁前端的铁环上，用另一根绳将颈部系于前柱上，最后缠绕围绳及吊挂胸、腹绳。

（5）**四柱栏及六柱栏保定** 保定栏内应备有胸革、臀革、腹革、肩革。先挂好胸革，将驴从柱栏后方引进，并把缰绳系于某一前柱上，挂上臀革、腹革，最后压上肩革。

2. 注射

注射是肉驴疾病治疗和疾病免疫中的常用技术，包括皮下注射、皮内注射、肌内注射、静脉注射等。

（1）**皮下注射** 注射部位在颈侧中1/3处，选择皮薄、被毛少、皮肤松弛、皮下血管少的地方。对注射部位先用2%~5%碘酊棉球由内向外螺旋式消毒，最后用挤干的75%酒精棉球脱碘。注射时左手食指与拇指将皮肤提起呈三角形，右手持注射器，沿三角形基部刺入皮下约2厘米；左手放开皮肤（如果针头刺入皮下，则可较自由地拨动），回抽针芯，如果无回血，再推动注射器活塞将疫苗慢慢注入。注射后，用消毒干棉球按住注射部位，将针头拔出，最后涂以5%碘酊消毒。

（2）**皮内注射**　选择皮肤致密、被毛少的部位，一般在颈侧、尾根、肩胛中央。注射部位消毒方法同皮下注射。注射时用左手将皮肤捏起一皱褶或以左手绷紧固定皮肤，右手持注射器，在皱褶上或皮肤上斜着将针头几乎与皮面平行地轻轻刺入皮内约0.5厘米，放松左手；左手在针头和针筒交接处固定针头，右手持注射器，慢慢注入药液。如果针头确定在皮内，则注射时感觉有较大的阻力，同时注射处形成一个圆丘，凸起于皮肤表面。注射完毕，拔出针头，用消毒干棉球轻压针孔，以避免药液外溢，最后涂以5%碘酊消毒。

（3）**肌内注射**　注射部位选择肌肉丰满、血管少、远离神经干的部位。驴一般选择在臀部或颈部。注射部位消毒同皮下注射方法。注射时左手固定注射部位皮肤，右手持注射器垂直刺入肌肉后，改用左手捏住注射器和针头尾部，右手回抽一下针芯，如果无回血，即可慢慢注入药液。注射完毕，拔出注射针头，涂以5%碘酊消毒。

【注意】

要根据肉驴大小和肥瘦掌握刺入的不同深度，以免因刺入太深（常见于瘦小驴）而刺伤骨膜、血管、神经，或因刺入太浅将疫苗注入脂肪而不能吸收。要根据注射剂量，选择大小适宜的注射器。注射器过大，注射剂量不易准确；注射器过小，操作麻烦。实际操作中还要注意更换针头，以免交叉感染。

【提示】

为防止损坏注射器或折断针头，可用分解动作进行注射，即把注射针头取下，以右手拇指、食指紧持针尾，中指标定刺入深度，对准注射部位用腕力将针头垂直刺入肌肉，然后接上注射器，回抽针芯，如果无回血，即可注入药液。①驴的免疫注射，每注射1头

必须更换1个针头。②保定好动物，注意人员安全，做好防护。③接种活疫苗时不能用碘酊消毒接种部位，应用75%酒精消毒，待干后再接种。④避免将疫苗注入血管。

（4）静脉注射 静脉注射位置为颈静脉下1/3与中1/3交界处，首先对注射部位进行消毒，注射者左手按压静脉近心端使静脉回流受阻而怒张，右手持输液针头刺入血管，确认针头在血管内后连接输液管并固定针头。输液完成后一只手拿灭菌棉球压在针孔部位，另一只手迅速拔出针头。针头拔出后继续按压针孔片刻，防止针孔出血。

3. 口服用药

（1）灌药 借助喂药器、胃管等把药物灌入肉驴消化道内，是进行个体治疗的有效方法，计量准确，效果较好。灌药最好由专业兽医完成，以免呛入气管和肺部引发新的疾病。

（2）饮水用药 饮水用药多用于紧急预防和治疗，特别是在肉驴群发病初期采食量下降但还能饮水时进行。根据肉驴饮水量和用药浓度计算出需要添加的药物量，再用少量水溶解计算好的药物，待药物完全溶解后再加入全部水量。

【注意】
油乳剂和不溶于水的药物不能用这种方法给药。

【提示】
饮水用药前适当停水2~3小时，让肉驴在短时间内充分饮用含有药物的饮水。

（3）拌料用药 这种方法在用药时间较长、肉驴采食量正常的情况下使用。根据肉驴体重情况计算出驴群全天药物用量，再拌入全天精饲料中分次饲喂。

4. 肉驴寄生虫病防控方案

寄生虫是危害肉驴健康的重要致病因素，严重影响养驴场效益产出。在肉驴养殖环节中，适时驱虫意义重大。可由于养驴业规模化程度低且技术相对落后，多数养驴场都没有一个规范的寄生虫防治方案，大多数养殖户在实际操作中存在较大的随意性，驱虫频度大容易造成药物浪费和药物残留，驱虫频度小则会降低驱虫的效力，收不到驱虫的预期效果。

(1) **制订驱虫计划** 养驴场应防患于未然，根据本地区寄生虫流行种类、驴的大小等实际情况制订一个切实可行的驱虫计划，提前用药将寄生虫消灭在萌芽阶段。当肉驴出现体毛杂乱无光、脱毛及消瘦等明显症状时，则说明驴体内外已存在大量寄生虫且已对驴的健康造成一些不可逆的损伤，此时再进行驱虫就属于被迫驱虫，取得的效果要差很多。正常舍饲的肉驴可在春、秋两季分别驱虫 1 次，另外由散养改为舍饲或对新引进肉驴加强驱虫 1~2 次。驴的常发寄生虫有疥螨、蛲虫、丝虫、胃蝇蛆等，可采用精制敌百虫按 0.03~0.05 克/千克体重内服驱虫或采用伊维菌素 0.2 毫克/千克体重皮下注射（或内服）联合左旋咪唑 7.5 毫克/千克体重内服，为加强驱虫作用可在 7~15 天后重复用药 1 次。除此之外，若发现焦虫病、伊氏锥虫病、马媾疫等血液原虫，可采用三氮脒（贝尼尔）、萘磺苯酰脲（那加宁）、拜耳 205 等驱虫药对症预防或治疗。

(2) **驱虫方法** 要确保驱虫达到理想效果，选用价廉、广谱、高效、安全的驱虫药物是关键，应注意用药不能过量或者不足。要根据寄生虫的种类、驴的发育情况和季节确定驱虫时间。在通常情况下，首次给肉驴驱虫最好选在 45~60 日龄、肉驴体重 30 千克左右时效果比较好，这样能一举多得，把多种寄生虫一齐驱除。第 1 次用药以后，隔 60~90 天再驱虫 1 次。驱虫宜在晚上进行，每年春、秋季各进行 1 次。目前大多采用伊维菌素注射液（即内外虫螨净）防治体内外寄生虫，效果较好。

【提示】

为便于驱虫药物的吸收，驱虫给药前，驴停喂 1 次。18:00~20:00 将药物与少量精饲料拌匀，让驴一次吃完。若肉驴不食，可在饲料中加入少量盐水或糖精。群养肉驴用药，应先计算好用药量，将药研碎，均匀拌入饲料中。驱虫期一般为 6 天，要在固定地点圈养饲喂，以便对场地进行清理和消毒。

(3) **投药后的驴舍处理** 驴舍清洁与卫生对提高驱虫效果至关重要。不少养殖户给肉驴驱虫后，往往忽视栏舍、粪尿的清扫和消毒，结果排出的虫体和虫卵又被肉驴食入，导致再次感染。因此，驱虫后，应及时将粪便清除出去，集中堆积发酵或焚烧、深埋；地面、墙壁、饲槽应用

5%的石灰水消毒，以防寄生虫重新感染。

(4) **投药的防护措施** 几乎所有驱虫药物都具有较强的毒性，使用不当便会造成药物中毒或过敏。对大群驱虫前应先进行小群实验，若24小时后无任何异常表现再进行大群驱虫。此外还应提早准备好阿托品、地塞米松及肾上腺素等，用于紧急抢救或减轻中毒、过敏表现。若出现呕吐、腹泻等症状，应立即将肉驴转出栏舍，让其自由活动，缓解中毒症状。对反应剧烈的肉驴可饮服煮六成熟的绿豆汤。对腹泻的肉驴，取木炭或锅底灰50克，拌入饲料中喂服，连服2~3天。

驱虫药物的药量不要随意加量，应按说明书规定的用量进行，否则容易引起药物中毒，造成不必要的损失；药物通过饲料或饮水给药时，应搅拌均匀，保证所有驱虫驴都能吃到药物，防止个别驴多吃而引起药物中毒；驱虫前可准备急救药品，便于驴出现药物中毒后及时治疗。

【提示】

除被粪污或污染草料直接感染外，寄生虫病的传播多需要媒介或中间宿主，如蜱虫、蚊蝇等可传播血液原虫；犬、猫等可传播疥螨、跳蚤等寄生虫。肉驴养殖场应尽可能不要养犬、猫等动物，另外需要做好灭鼠、灭蚊蝇等工作。

三、常见的肉驴疾病

1. 鼻疽

本病是由鼻疽假单胞菌引起的驴的一种传染性疾病。临床特征主要是在鼻黏膜、肺和皮肤或其他实质脏器中形成特异的鼻疽结节、溃疡和疤痕。本病为人畜共患病，我国将其列为二类动物疫病。

【病原】 病原为鼻疽假单胞菌，革兰染色呈阴性。本菌为需氧菌，对外界不利因素抵抗力不强，在腐败物和水中能生存2~3周，在鼻液中为2周，在尿中40小时死亡。在干燥环境中1~2周死亡，煮沸几分钟就可杀死。3%来苏儿及1%氢氧化钠溶液等消毒液，都能将其杀死。

【流行特点】 在自然情况下，马属动物都易感。经常接触鼻疽病畜及病料的人，常因消毒不严而发生感染。患鼻疽病的马属动物及其他动物均为本病的传染源。病原菌可随鼻液、气管和溃疡皮肤等的分泌物排出体外，污染草料、水和饲养用具。本病主要经消化道和损伤的皮肤感染，无季节性，多呈散发或地方性流行。在初发地区，多呈急性、暴发性流行；在常发地区多呈慢性经过。

【症状】 驴感染后，常呈急性经过。由于病菌侵害部位不同，可分为鼻腔鼻疽、皮肤鼻疽和肺鼻疽。一般常以肺鼻疽开始，后发展为鼻腔鼻疽或皮肤鼻疽。

1）鼻腔鼻疽。病初鼻黏膜潮红肿胀，一侧或两侧鼻腔流清涕或黏液性鼻液，鼻黏膜上有小米粒甚至稍大的结节，呈黄白色，周围有红晕，结节中心迅速坏死、破溃而成溃疡。多数溃疡互相融合，边缘不整，隆起；底部凹陷呈灰白色或黄白色，流出带臭味的脓性或混有血液的脓性鼻液。当病驴的机体抵抗力增强时，鼻黏膜的溃疡愈合，则形成放射状或冰花状痕，临床症状减轻，逐渐变为慢性鼻疽。当机体抵抗力降低时，鼻黏膜上的病变可迅速扩大而加深，甚至蔓延整个鼻腔。严重时可侵害鼻软骨，造成鼻中隔穿孔，乃至死亡。下颌淋巴结初期微热、肿胀，触摸有痛感，表面不平，后期为不痛不活动的硬肿物。

2）皮肤鼻疽。多发生在四肢，以后肢多见，其次在胸侧和腹下的皮肤上或皮下。局部出现炎性肿胀，进而形成大小不一的硬固结节，结节破溃，形成溃疡，如喷火口样，溃疡边缘不整，溃疡底呈黄白色，不易愈合。结节和附近的淋巴结肿大、硬固，粗如绳索，并沿着索状肿形成许多结节，呈串珠状。发生于四肢的鼻疽，皮肤下组织增生，皮肤高度肥厚，使患肢变粗，呈现象腿样，出现运动障碍和跛行现象。

3）肺鼻疽。病驴体温升高，咳嗽，逐渐消瘦，易疲劳，结膜潮红或黄染，皮下浮肿。听诊肺泡音减弱或消失，有啰音。叩诊呈半浊音、浊音。呼吸困难，有的出现痉挛性咳嗽。

【诊断】

1）临床诊断。应将鼻腔、皮肤等处有无结节、溃疡，下颌淋巴结是否硬肿，有无鼻液、呼吸困难、咳嗽，腹下、四肢等处有无浮肿等，作为判定的主要指征。

2）变态反应诊断。变态反应诊断即鼻疽菌素点眼法，本法不仅操作简单、检出率高，且适于大批家畜的检疫。为提高检出率，常采用多

次（最少2次）点眼。随着点眼次数的增加，眼结膜的敏感性相应增高，检出率也增高。

点眼时，用点眼管或注射器向一侧结膜囊内滴入鼻疽菌素3~4滴。点眼后于3、6、9小时各检查1次。在第6小时检查时，对无反应或反应不明显的驴翻眼检查。为了发现延迟反应的鼻疽病驴，尽可能在24小时后再检查1次。每次检查后将反应的实际情况记录于检疫表内，以备判定。

点眼判定标准：眼结膜红肿明显，有数量不等的脓性分泌物粘在眼睑边缘，或从眼角流出，或包在眼睑内者，为阳性反应；眼结膜轻度肿胀、潮红，有少量黏液脓性分泌物者，为可疑反应；眼无任何变化或结膜仅有轻度潮红及流泪者为阴性反应。

【提示】

第1次点眼呈阳性反应的，不再进行第2次点眼，可疑和阴性反应者，隔5~6天再进行第2次点眼，其最终判定以反应最强的一次为准。

3）补体结合反应诊断。本方法是鼻疽菌素点眼反应的一种辅助诊断方法，对慢性鼻疽的检出率一般仅为10%~20%，而对急性和开放性鼻疽的检出率高。

【防控】

1）控制传播源。定期对圈舍和用具进行彻底消毒。避免饲喂污染的草料和水。不从疫区引入驴，购入种驴时应先行隔离检疫，合格后方能混群饲养。

2）检疫。每年春、秋两季各检疫1次，对购入或运出的驴或可疑病畜也要检疫。方法以临床检查和2次鼻疽菌素点眼（间隔5~6天）反应为主，必要时辅以补体结合反应诊断。检疫阳性的驴要隔离饲养，不能回健康群，并予以扑杀。

3）消毒。在健康畜群中发现并隔离出病畜后，应立即对病畜污染的环境、用具等，用10%石灰水、2%热氢氧化钠溶液或5%漂白粉等进行全面消毒。解除隔离以前，每15天消毒1次，解除隔离时，应进行1次彻底消毒。粪便经发酵2个月后方能施用。接触病畜的人员，每次工作结束后应进行消毒。

2. 流行性淋巴管炎

本病是由流行性淋巴管炎囊球菌引起的驴的一种慢性传染病。其临床特征是在皮下的淋巴管及其邻近的淋巴结、皮肤和皮下结缔组织形成结节、脓肿和菜花样溃疡。

【病原】 病原为流行性淋巴管炎囊球菌，即假皮疽隐球菌。本菌的抵抗力强，阳光直射下可生存5天，5%苯酚需1~5小时、5%~20%漂白粉需1~3小时才能杀死。60℃温度下加热能抵抗1小时，在80℃几分钟即可杀死。本菌在污染的圈舍能存活6个月。

【流行特点】 马、驴、骡最易感染，牛、猪和人也能感染。病畜是本病的传染源。病原菌存在于病变部位的脓汁和溃疡分泌物中，主要经创伤感染。圈舍潮湿、拥挤也能促进本病的发生。发病无严格的季节性，一旦发病，短时期内不易扑灭。

【症状】 全身症状一般不明显。病灶面积过大时，常引起食欲减退，体温略高，渐进性消瘦。病程可持续数月，较难治愈。

1）皮肤、黏膜形成结节。发病初期常在四肢、头、颈及胸侧的皮肤和皮下组织，发生豌豆大至拇指头大的结节，硬固无痛。发生在鼻腔、口唇等黏膜的结节，呈黄白色或灰白色，圆盘状凸起，边缘整齐，周围无红晕。发病的中、后期结节形成脓肿，脓肿破溃后，流出黄白色黏稠脓汁，继而形成溃疡，溃疡面凸出于周围皮肤而呈菜花状。溃疡不易愈合，痊愈后常遗留疤痕。

2）淋巴管呈串珠状肿大。患部的淋巴管及淋巴结肿大，呈粗硬的绳索状，沿肿胀的淋巴管形成许多小结节，呈串珠状。结节软化破溃后，也形成菜花状溃疡。

【诊断】 根据体表淋巴管索状肿胀、串珠状结节、菜花状溃疡及全身症状不明显等，结合流行情况，可初步诊断。细菌学诊断时，采取病变部的脓汁或分泌物，在高倍镜下用弱光进行镜检。若见到卵圆形双外膜的囊球菌，即可确诊。

【防治】

1）消除病因。消除能引起外伤的诸多因素，发生外伤后及时治疗。检出的病驴应隔离治疗。被污染的圈舍和器具，用10%热氢氧化钠或20%漂白粉定期消毒。治愈的驴隔离观察2~3个月方可混群饲养。

2）治疗。局部治疗，用生理盐水洗去患部脓汁后，将高锰酸钾粉撒

于创面,用纱布或棉球擦拭,重复几次。手术摘除皮肤结节,创面涂擦20%碘酊,以后每天用1%高锰酸钾冲洗,再涂上碘酊,并覆盖灭菌纱布。不宜做手术之处,可用烧烙法。全身治疗,可以用0.5%黄色素注射液100~150毫升,一次静脉注射,每隔4~6天注射1次,4次为1个疗程;也可以用土霉素治疗。

3. 马腺疫

马腺疫是驴的一种急性传染病,3岁以下驴多发,临床症状以下颌淋巴结急性化脓性炎症、鼻腔流出脓液为特征。病驴康复后可终身免疫。

【病原】 病原是马腺疫链球菌。菌体呈球形或椭圆形,革兰染色呈阳性,无运动性,不形成芽孢,但能形成荚膜。在病灶中呈长链,几十个甚至几百个菌体相互连接呈串珠状;在培养物和鼻液中的为短链,短的只有几个甚至两个菌体相连。本菌对外界环境抵抗力较强,在水中可存活6~9天,脓汁中的细菌在干燥条件下可生存数周。但菌体对热的抵抗力不强,煮沸则立即死亡。对一般消毒剂敏感。

【流行特点】 传染源为病畜和病愈后的带菌动物。主要经消化道和呼吸道感染,也可通过创伤和交配感染。易感动物为马属动物。4个月至4岁的驴易感,尤其1~2岁驴发病最多,1~2个月的驴驹和5岁以上的感染性较低。本病多发生于春、秋季,其他季节多呈散发。

【症状】 本病常分以下3种类型:

1)顿挫型。鼻、咽黏膜呈轻度发炎,下颌淋巴结稍肿胀,在中度发热后很快自愈。

2)典型型。病初体温升高到40~41℃,精神沉郁,鼻咽黏膜有炎症,咳嗽,下颌淋巴结肿大,热而疼痛。因咽部发炎疼痛,呈现头颈伸直、吞咽和转头困难。数天后淋巴结变软,破溃后流出黄白色黏稠脓液。

3)恶性型。链球菌经淋巴结、淋巴管、血液侵害或转移到其他淋巴结或脏器,引起全身性化脓性炎症时,称恶性腺疫,常侵害咽喉、颈前、肩前、肺门及肠系膜淋巴结,甚至转移到肺和脑等脏器。

【诊断】 根据临床症状和病理变化可做出初步诊断,确诊需进一步做实验室诊断。病原检查时以脓汁涂片染色镜检查找病原菌。

【防治】 一般可用马腺疫灭活菌苗或毒素注射预防。发生本病时,病驴隔离治疗。污染的圈舍、运动场及用具等应彻底消毒。

1）局部治疗。可于肿胀部涂10%碘酊、20%鱼石脂软膏，促使肿胀迅速化脓破溃，如果已经化脓，肿胀部位变软应立即切开排脓，并用3%过氧化氢（双氧水）或1%高锰酸钾彻底冲洗。发现肿胀严重压迫气管引起呼吸困难时，除及时切开排脓外，可行气管切开术使呼吸通畅。

2）全身疗法。病驴体温升高时，应肌内注射青霉素400万~500万单位，链霉素300万~400万单位，每天2次。

4. 破伤风

破伤风俗称"锁口风"，是由破伤风梭菌引起的一种人畜共患病，其特征是病畜全身肌肉或某些肌群呈现持续性的痉挛和对外界刺激的反射兴奋性增高。

【病原】 病原体是破伤风梭菌，广泛存在于土壤和粪便中，能产生芽孢。革兰染色呈阳性。本菌在机体内能产生外毒素，即痉挛毒素及溶血毒素。毒素不耐热，65℃条件下5分钟即可破坏。本菌的繁殖体抵抗力不强，一般消毒剂均能将其杀灭。芽孢的抵抗力很强，煮沸1小时才能将其杀死。

【流行特点】 各种动物均有易感性，通常由伤口感染，小而深的伤口如刺伤、钉伤或创口被泥土、粪便、痂皮封盖，或创内组织损伤严重，或与需氧菌共同感染等，都可导致本病的发生。本病多为散发。

【症状】 本病潜伏期一般为1~2周，最长的可达40天以上。病初驴咀嚼缓慢，运动稍强拘。随后出现全身骨骼肌强直性痉挛。病驴张口困难，采食和咀嚼障碍，重者牙关紧闭，咽下困难，流涎；两耳竖立，不能摆动；瞬膜外凸；鼻孔开张；头颈直伸，背腰强拘，肚腹蜷缩，尾根高举；四肢强直，呈木马状；各关节屈曲困难，运步显著障碍，转弯或后退更显困难，容易跌倒；反射机能亢进，稍有刺激，病驴惊恐不安，大量出汗，意识正常。病程一般为8~10天，常因心脏停搏和窒息而死。

【诊断】 根据上述特殊的临床症状，如运动困难、四肢强直、牙关紧闭、瞬膜外凸、双耳竖立、尾根高举，对反射兴奋性增强，结合有创伤病史等情况即可做出诊断。慢性经过的病驴注意与急性肌肉风湿症鉴别诊断。

【防治】 每年定期皮下注射破伤风类毒素，用量为 1 毫升，免疫期为 1 年，第 2 年再注射 1 次，免疫期可达 4 年。对发生大创伤、深创伤的，可肌内注射抗破伤风血清 1 万~3 万单位。发生外伤后或进行外科手术前，最好注射预防量的抗破伤风血清。

1）中和毒素。静脉或肌内注射抗破伤风血清，首次用足量，50 万~100 万单位，以后不再用。抗破伤风血清可在体内保持 2 周，1 次大量注射比少量多次注射效果好。也可将总用量分 2~3 次注射，每天注射 1 次，连续使用。

2）镇静解痉。用 25% 硫酸镁 60 毫升静脉注射或肌内注射，每天 1~2 次，直至痉挛缓和。静脉注射要缓慢，防止因呼吸中枢麻痹导致死亡。也可用氯丙嗪 200~300 毫克肌内注射，每天 1~2 次。

3）消除病原。扩创后，应用 3% 过氧化氢（双氧水）或 0.1% 高锰酸钾冲洗，并用头孢类抗生素治疗 3~5 天。

4）中药治疗。常用加减防风散进行治疗，效果良好。

处方：防风 60 克、羌活 60 克、天麻 15 克、天南星 15 克、炒僵蚕 60 克、川芎 24 克、蝉蜕 45 克（炒黄研末）、红花 30 克、全蝎（去头足）12 克、姜白芷 15 克、姜半夏 24 克，以黄酒 130 毫升为引，连服 3~4 剂。以后则每隔 1~2 天 1 剂，引药改用蜂蜜 150 克，至病情基本稳定时，即可停药观察。

加强饲养管理，将病驴放在安静圈舍，避免噪声、饲养人员等干扰，对于不能采食的，可以人工饲喂稀粥和料水等。对于停药观察的要定时牵遛，促进其快速恢复。

5. 坏死杆菌病

本病是由坏死杆菌引起的一种各种动物共患的传染病。其特征为皮下软组织坏死，多见于四肢下部皮肤及其皮下软组织。

【病原】 坏死杆菌为多形性杆菌，革兰染色呈阴性，在病灶内的细菌多呈长丝状，用复红亚甲蓝染色着色不均匀。本菌为严格厌氧菌。本菌对外界环境的抵抗力不强，在空气中干燥，经 72 小时死亡，日光直射 8~10 小时可被杀死，60℃条件下加温 30 分钟或煮沸 1 分钟即可死亡。常规消毒剂均有效，在 1% 高锰酸钾、5% 氢氧化钠、1% 福尔马林、

5%来苏儿或4%醋酸等溶液中，15分钟可将其杀死。

【流行特点】 家畜以牛、羊、马、猪、鸡和鹿易感。如果及时治疗，几天可治愈。如果炎症继续发展，脓肿破溃，蹄冠深层组织坏死形成瘘管。有的局部呈蜂窝织炎。严重的蹄壳脱落。病畜是本病的传染源，病菌随病灶的分泌物和坏死组织排出，经过损伤的组织和黏膜感染，新生畜可经脐带感染。本病多发在雨季和低洼潮湿地区，一般呈散发或地方性流行。

【症状】 马属动物发病的部位绝大多数在球节以下，特别是蹄冠和蹄球部。开始局部瘙痒，肿胀，有热痛，逐渐在系部皮肤或蹄冠边缘出现黄豆大至蚕豆大的脓肿，流出少量黏性渗出物，并迅速坏死。坏死的特点是由深层组织开始，向外层坏死。脓肿破溃后，流出恶臭的黄色脓汁，溃疡面呈污黑赤色。严重的还可侵害蹄软骨、韧带和肌腱，形成瘘管或急性蜂窝织炎，甚至引起蹄壳脱落，患肢发生跛行。重症病驴可见体温升高、精神沉郁。坏死杆菌可转移到脏器，出现相应的坏死症状，如转移至肺，出现坏死性肺炎，呼气有恶臭味。

【诊断】 根据临床症状和坏死组织特殊的病理变化，结合多雨季节大批发病流行情况，可以初步确诊。进一步诊断可在病变和健康交界部位采集病料做细菌学检查。必要时可将病料研磨生理盐水稀释后，给家兔或小白鼠皮下注射，如果为坏死杆菌，接种部位会发生坏死，并可在内脏发生坏死脓疱，检出坏死杆菌。

【防治】 加强饲养管理，补充微量元素和多种维生素。保持舍内和运动场清洁干燥，或选择干燥的放牧场地，避免造成蹄部、皮肤和黏膜的外伤，一旦出现外伤应及时消毒。轻症病驴，用1%高锰酸钾或3%来苏儿冲洗，也可用10%硫酸铜进行温脚浴，然后用碘酊或甲紫软膏涂擦。发生脓肿时，应及早切开排脓，彻底切除坏死组织，再按上述方法处理。形成瘘管时，可用碘酊涂擦或向瘘管灌注，直至脓汁消失，再按轻症处理。对已发生内脏转移或防止坏死灶扩散转移，可用抗生素治疗，结合强心、利尿、补液等药物进行治疗。

6. 驴副伤寒

驴副伤寒是由马流产沙门菌引起的马属动物的一种传染病。临床特征是妊娠母驴发生流产；公驴表现为睾丸炎、鬐甲肿；驴驹主要表现为关节肿大、腹泻，有时还见支气管肺炎。

【病原】 本病的病原体为马流产沙门菌,又称马流产副伤寒杆菌,革兰染色呈阴性,对外界环境的抵抗力较强,用0.5%甲醛、3%苯酚溶液、3%来苏儿15~20分钟可将其杀死。

【流行特点】 各种年龄的驴均可发病,初产驴和驴驹易感性高。主要经被污染的饲料、饮水由消化道传染;健康驴与病驴交配或用病驴的精液人工授精时也能发生感染。初生驴驹发病可因母驴子宫或产道内感染而引起。本病常发生于春、秋两季,以第1次妊娠母驴发生流产较多,流产多发生在妊娠中、后期,即4~8个月。流产过的母驴,由于获得一定免疫力,很少再次流产。

【症状】

1)流产母驴的症状。流产前,病驴有轻微腹痛,频频排尿,乳房肿胀,阴道流出血样液体,有时战栗、出汗,继而发生流产。但有的病驴不呈明显的临床症状而突然流产。流产后,从阴道流出红色的黏液,以后变为灰白色,多数自愈,但有少数病驴因继发子宫内膜炎,从阴道流出污秽的红褐色腥臭液体,如果不及时治疗,可能导致败血症而死亡。

2)公驴的症状。主要表现为病初体温升高和睾丸炎。睾丸、阴囊及阴筒发生局限性热痛肿胀。病程稍长者,肿胀变硬,往往失去种用价值。有的发生关节炎、鬐甲部脓肿,肿胀破溃后,流出黄色脓汁,易形成瘘管,很难愈合。

3)驴驹症状。病初体温升高至40℃以上,呈稽留热或弛张热。病驹有的出现肠炎,有的表现为支气管肺炎,有的发生四肢多发性关节炎,又热又痛,触摸有波动,跛行,严重的躺卧。有的在臀、背、腰或胸侧等处出现热痛性的肿胀,有时能自然消散,有时化脓坏死。

【诊断】 根据临床症状、流行病学和病理变化,即能提供诊断的依据,可做出初步诊断,但确诊必须用血清学和细菌学检查。血清学凝集反应只能用于流产后,流产后8~10天采集血液检测最佳,或作为出现临床症状病驴的一种辅助诊断方法。细菌分离时,可采集流产胎儿的胃内容物、肝、脾、肺,流产母驴的阴道内容物,病驴肿胀处的关节液等,做细菌分离和鉴定。

【防治】

1)流产母驴的治疗。应用硫酸新霉素、盐酸土霉素肌内注射,连续用药 5 天，停药 2 天，为 1 个疗程。流产母驴阴道有恶露流出时，用 5000~10000 毫升 0.2% 高锰酸钾冲洗，每天 1 次，直至无分泌物流出为止。伴发子宫内膜炎时，将甲硝唑胶囊 3~5 粒放入子宫内。

投服下列中药：当归 15 克、川芎 15 克、白芍 15 克、丹皮 15 克、双花 15 克、连翘 15 克、红花 15 克、桃仁 15 克、土虫 12 克、茯苓 15 克，研为细末，开水冲，候温一次内服。每天 1 次，连用 5 剂。

2）公驴发生睾丸炎时，肌内注射抗生素同流产母驴。同时，每天应用复方醋酸铅散加食醋调成糊状，涂擦睾丸肿胀部，直至消肿。如果睾丸肿胀时间较长，而且较坚硬，可用 10% 松节油软膏涂擦 1~2 次，再用复方醋酸铅散加卤水调成糊状涂擦，效果更好。鬐甲部瘘管可用外科疗法进行治疗。

病驹关节肿大时，用注射器抽出关节腔渗出液，关节腔注射丁胺卡那和普鲁卡因，5 天 1 次，肌内注射氟尼辛葡甲胺。腹泻的病驹，肌注硫酸新霉素，口服小檗碱（黄连素）。

7. 传染性胸膜肺炎

本病又称胸疫，是马属动物的一种急性传染病，典型病例表现为纤维素性肺炎或纤维素性胸膜肺炎。

【病原】 本病病原至今尚不明确，可能是支原体或病毒。在卫生状况不良、通风不好、消毒不充分时，病原可能于污染的圈舍内生存相当长的时间。

【流行特点】 马、驴、骡都易感染，多发于 4 岁以上的成年马属动物，1 岁以下的幼驹发病较少。病驴及带病原体的马属动物是主要传染源。病原随病驴咳嗽、喷鼻排出体外。既可直接接触传染，也可通过污染的料、饮水而经呼吸道或消化道传染。本病一年四季均可发生，但多发于秋、冬季及早春。长期舍饲、卫生条件不良、长途运输及机体抵抗力低下等，能诱发本病。本病常呈散发或地方性流行。

【症状】 根据临床表现可分为两型。

1）典型胸疫。典型胸疫比较少见。病驴病初突然发生高热，体温升至 40~41℃，持续 6~9 天或更长。以后体温突然降至正常体温或数天内逐渐下降。发生胸膜炎时，呈不定型热，或降至正常体温后又反复发热。病驴精神沉郁，脉搏增速，初期心音增强，中、后期心音减弱，节律不齐，脉细弱，呼吸加快，结膜红肿并轻度黄染，有时可视黏膜有出

血斑或点。胸前、腹下及四肢下部出现不同程度的浮肿。

病驴发病初期流水样清鼻液,中、后期流红黄色或铁锈色鼻液。初期偶见痛咳,听诊肺泡音增强,有湿性啰音。在中期叩诊呈浊音,听诊肺泡音减弱或消失,出现支气管呼吸音。在后期见湿咳,叩诊呈现鼓音或半浊音;听诊呈现湿性啰音及捻发音,经2~3周逐渐恢复正常。炎症波及胸膜时,听诊有明显的胸膜摩擦音,触诊胸部有痛感。有炎性渗出液时,则胸膜摩擦音消失,叩诊呈水平浊音。病程后期炎性渗出物被吸收,水平浊音消失,而重现摩擦音,以后逐渐恢复常态。

病驴口腔黏膜潮红带黄色,少量灰白色舌苔。肠音减弱,粪球干小。后期有的肠音增强,腹泻,粪便恶臭,甚至并发肠炎。血液学检查初期表现为白细胞总数无大变化,而淋巴细胞增多,中性粒细胞减少。至中后期出现白细胞总数增多,其中中性粒细胞显著增多,淋巴细胞减少。病情好转后,白细胞总数及血象恢复正常。

2)非典型胸疫。表现为一过性。本型较多见,病驴突然发热,体温达39~41℃,全身症状与典型胸疫初期略同,但比较轻微。呼吸道及消化道往往只出现轻微炎症,咳嗽,流少量水样鼻液,肺泡音增强,有的出现啰音。及时治疗,经2~3天后,很快恢复,有的仅表现短时体温升高,而无其他临床症状。

【诊断】 典型病例根据流行病学、临床症状和剖检变化,可以做出诊断。对可疑的病驴,也可先按胸疫隔离,进行诊断性治疗。

【防治】 预防本病,平时加强饲养管理,对病驴及可疑驴隔离饲养和治疗。圈舍和饲养器具用2%氢氧化钠溶液或其他消毒剂定期消毒。粪便进行发酵消毒。

应尽早确诊,中药可选用清肺止咳散。处方:当归22克、知母25克、贝母25克、冬花31克、桑白皮25克、瓜蒌31克、桔梗22克、黄芩25克、木通25克、甘草19克,研为细末,开水冲开,候温灌服。

【提示】

根据实际情况,对症治疗,如使用强心、利尿药物。如果有大量胸水时,以穿胸术缓慢或分次把胸水排出。

8. 流行性乙型脑炎

流行性乙型脑炎简称乙脑，是由流行性乙型脑炎病毒引起的人畜共患的一种急性传染病。其临床特征是中枢神经系统机能紊乱，表现沉郁或兴奋和意识障碍。

【病原】 流行性乙型脑炎病毒对热和化学药物的抵抗力较弱，56℃条件下30分钟可使其失活，1%~3%来苏儿和3%苯酚在数分钟内均可将其杀死。

【流行特点】 马、骡、驴、猪、牛、羊、犬、猫等均有易感性，特别是幼龄家畜的易感性更高。人也可感染。病畜和病人是主要的传染源，感染后在病毒血症期间，经蚊虫叮咬，感染健康动物。病毒能在蚊虫体内繁殖，并可经卵传给下一代。因此蚊虫既是传播媒介，又起到传染源的作用。本病的流行有严格的季节性，一般发生于7~9月，10月开始明显减少。呈散发性，有时也呈地方性流行。3岁以下的驴，特别是当年的驴驹和自非疫区到疫区的新驴多发。

【症状】 本病潜伏期为1~2周。在病毒血症期间，病驴体温升高，达39~41℃，肠音无异常，部分病例经1~2天体温恢复正常，食欲增加。本病经过治疗，一般1周左右痊愈。由于病毒侵害脊髓，出现明显神经症状，临床上可分为4型。

1）沉郁型。病驴精神沉郁，呆立不动，对周围事物无反应，呈嗜睡状态。有时空嚼磨牙，以下颌抵饲槽或以头顶墙。常出现异常姿势，如两前肢交叉或做圆圈运动，或四肢失去平衡，走路歪斜，摆晃。后期卧地不起，昏迷不动，感觉功能消失，病程可达1~4周。如早期治疗，多数可以治愈。

2）兴奋型。病驴表现兴奋不安，重则狂暴，乱冲乱撞，不知避开障碍物，低头前冲，甚至撞到墙上，坠入沟中。后期因衰弱无力卧地不起，四肢前后划动如游泳状。多经1~2天死亡。

3）麻痹型。主要表现是后躯的不全麻痹症状。腰萎，视力减退或消失，尾不驱蝇，衔草不嚼，嘴唇歪斜，不能站立，经2~3天死亡。

4）混合型。沉郁和兴奋交替出现，同时出现不同程度的麻痹。

【诊断】 根据流行病学、临床症状、病理变化和血清学综合诊断。采取大脑皮质、丘脑、海马角及肝脏、脾脏、肾脏等组织块，组织学检查为非化脓性脑炎。血清学检查常以补体结合试验和中和试验为主。也

可采集脑皮质、丘脑、海马角等组织块做病毒学检查以确诊。

【防治】 加强饲养管理，做好灭蚊防蚊工作，根据蚊虫喜潮湿的生活规律和自然条件，采取有效措施，做好圈舍的环境清洁卫生工作，填平坑、沟等易积水的地方，铲除蚊虫滋生的场所，并在圈舍及周围定期喷洒灭蚊药液，这是预防本病的重要措施。夏秋季节，可用1%敌百虫喷洒畜体。流行地区，每年在乙脑病例出现前1~2个月，用乙脑弱毒疫苗对4~18月龄和新从非疫区来的驴皮下或肌内注射1毫升，可获得免疫。发生本病后，对本场的驴等易感动物全部进行检疫，每天测温和临床检查，发现可疑病畜立即隔离并进行治疗，防止本病扩散。尸体应深埋，污染场所用来苏儿或热氢氧化钠消毒。

治疗时，主要采取降低颅内压、调整大脑机能、解毒和对症治疗等综合治疗措施。应特别注意护理，减少刺激，加强营养。可采取下列方剂进行治疗。

1）降低颅内压。使用脱水剂如甘露醇、山梨醇200~300毫升，也可静脉注射10%~25%高渗葡萄糖液500~1000毫升。到了病程后期，血液黏稠时，可注射10%浓盐水100~300毫升。

2）调整大脑机能兴奋时可选用氯丙嗪肌内注射，每次100~300毫克，或用10%溴化钠溶液50~80毫升静脉注射，或用水合氯醛灌肠，每次20~30克。

3）强心利尿。使用樟脑、安钠咖、乌洛托品等。

4）防止继发感染。用头孢类抗生素、四环素等和磺胺嘧啶钠等。

5）中药治疗。可选用石膏汤。处方：生石膏155克、元明粉124克、天竹黄25克、板蓝根62克、大青叶62克、青黛18克、滑石31克，水煎2次，候温加朱砂6克灌服。

9. 流行性感冒

流行性感冒，即流感，是一种病毒引起的呼吸道传染病，以咳嗽、流鼻液和发烧为特征，常引起大流行。

【病原】 病原为流感病毒。常见的为H7N7亚型和H3N8亚型。H7N7亚型所致的疾病比较温和轻微，H3N8亚型所致的疾病较重，并易继发细菌感染。病毒对热比较敏感，56℃加热30分钟、60℃加热10分钟及65~70℃条件下病毒即丧失活性。病毒对低温抵抗力较强。常用消毒剂易将其灭活。

【流行特点】 本病马属动物易感,不同年龄、品种、性别的驴均可感染本病,发病的多为2岁以内的驴驹。本病一年四季均可发生,北方以春、秋季多发,有些地区多发于冬末春初。流感的发生,多数经空气传播。流感病毒存在于病驴呼吸道黏膜及分泌物中,当病驴咳嗽、打喷嚏时,将带有病毒的分泌物喷出形成飞沫在空中漂浮,健康驴吸入这种飞沫后,就会感染发病。本病也可经病驴分泌物或排泄物,污染饲草、饮水等传播。此外,也可经配种精液或公、母驴交配传播感染本病。

【症状】 本病潜伏期为2~10天,多在感染3~4天后发病。发病的驴中常有一些症状轻微呈顿挫型经过的,精神及全身变化多不明显,病驴7天左右可自愈。更多的驴的表现为隐性感染。

病驴发热时出现全身症状,其呼吸、脉搏频率加速,食欲降低,精神委顿,眼结膜充血、浮肿,大量流泪。病驴体温上升至39.5℃以上,稽留1~2天或4~5天,然后徐徐降至常温,如果有复相体温反应,则说明有继发感染。病初带痛干咳,咳嗽声短而粗,几天后变为湿咳,咳声低而长,痛苦减轻。病驴鼻液初为水样,随后变得混浊黏稠且呈灰白色,个别呈脓样或混有血液。H7N7亚型感染时常发生轻微的喉炎,有继发感染时才呈现喉、咽和喉囊的病症。发生并发病和继发病则病情更加复杂,除表现原发病的症状外,还表现并发病和继发病的症状,如支气管炎、肺炎、肠炎及肺气肿等,可引起病驴死亡。

【诊断】 根据本病的流行情况和临床症状可做出初步诊断。常用的血清学诊断方法有血凝抑制试验、酶联免疫吸附试验。病原分离诊断时采集病驴鼻咽拭子,接种鸡胚分离病毒。或者用免疫荧光技术、荧光定量PCR(聚合酶链反应)、RT-PCR(逆转录PCR)等方法确诊。

【防治】 一般用解热镇痛药物减轻症状,用抗生素类药物控制继发感染。治疗时用大青叶或板蓝根注射液10~16毫升,肌内注射,每天2次。可采用青霉素、头孢噻呋钠、盐酸环丙沙星等防治继发感染,药物酌情选用,连用3~5天。用2天无效或不显效的可换药。同时辅以对症治疗药物,可用安乃近20~30毫升或阿尼利定(安痛定)10~20毫升退热解痛,樟脑磺酸钠20~40毫升或安钠咖注射液10~20毫升。病情严重的,应及时静脉补液。

中药可选用:板蓝根30克、大青叶30克、牛蒡子30克、黄芩30克、桔梗 15 克、柴胡 30 克、栀子 25 克、甘草 25 克，研为细末或煎汤灌服，每天 1 次。

10. 马胃蝇蛆病

马胃蝇蛆病是由马胃蝇的幼虫引起的一种寄生虫病。

【病原】 引发本病的常见马胃蝇有 4 种，即红尾胃蝇、鼻胃蝇、兽胃蝇和肠胃蝇，形态基本相似，体长 9~16 毫米，身上密布绒毛，口器退化，复眼、触角小，产卵管向腹下弯曲。马胃蝇的卵呈黄白色或黑褐色，形状、大小近似虱卵。卵经 5 天形成幼虫，孵化幼虫后，刺激驴的皮肤引起发痒，驴啃痒时感染。驴食入 1 期幼虫，在口腔黏膜下或舌的表层组织内 1 个月蜕化为 2 期幼虫，移行入胃，发育为 3 期幼虫。3 期幼虫粗长，分节明显，前端稍尖，后端齐平，3 期幼虫第 2 年春发育成熟随粪入土化蛹，后羽化成蝇。

【流行特点】 本寄生虫我国普遍存在，流行于西北、东北等地。干旱、炎热和管理不良及消瘦有利于本病流行。本病多发于 5~9 月。

【症状】 成虫产卵时，骚扰驴的休息和采食。幼虫寄生初期，叮于舌、咽部黏膜时，引起口、舌和咽部水肿、炎症甚至溃疡，表现咀嚼、吞咽困难、咳嗽、流涎。移行至胃及十二指肠后，刺伤黏膜，引起慢性或出血性胃肠炎，幼虫吸血及虫体毒素导致驴营养障碍，表现食欲减退、贫血、消瘦甚至衰竭等。幼虫叮咬部位呈火山口状。幼虫寄生在直肠和肛门，引起奇痒。春、秋两季驴粪便中常混有蝇蛆。

【诊断】 根据以下几方面进行诊断：有无既往病史或是否从流行地区引进驴；驴被毛上有无胃蝇卵；夏、秋季出现咀嚼、吞咽困难时，检查口腔、齿龈、舌、咽喉黏膜有无幼虫寄生；春季注意观察驴粪中有无幼虫；发现尾毛逆立，排粪频繁，检查肛门和直肠上有无幼虫寄生；必要时进行诊断性驱虫；病死驴剖检时，可在胃、十二指肠等部位找到幼虫。

【防治】 治疗时常用的驱虫药物是敌百虫和伊维菌素等。精制敌百虫 30~50 毫克/千克体重，配成 5% 温水溶液内服。伊维菌素按有效成分 0.2 毫克/千克体重剂量皮下注射或口服。

每年驱虫 2 次，第 1 次在 2~3 月，第 2 次在 11~12 月，并将驱出带有蝇蛆的粪便烧毁或堆积发酵。马胃蝇在 7~8 月活跃，这期间每隔 10 天用 2% 敌百虫溶液喷洒驴体 1 次。

【提示】
　　上述方法对病驴均有良好的治疗作用，用敌百虫成本较低，不过有剂量限制，有的驴还对本药过敏，各养殖户可根据本场情况综合考虑治疗办法。

11. 蛲虫病

　　本病是由尖尾科尖尾属的马尖尾线虫寄生于马属动物的大肠内引起的疾病。本病的特殊症状是尾部发痒和脱毛。

【病原】　虫体细小，呈灰白色，外观似豆芽菜。头端有6个乳突，口囊短而浅，食道前部宽，中部窄，后部膨大形成圆形的食道球。雄虫体长9~12毫米，有1根针状的交合刺，尾端外观呈四角形的伪囊。雌虫长40~150毫米。尾部尖细而长，雌虫阴门位于虫体前1/4处。

【流行特点】　尖尾线虫寄生在盲肠和大结肠内。雌虫产卵时由结肠移至直肠并将前端伸出肛门外，把虫卵成团地产出粘堆在病畜肛门周围及会阴部的皮肤上。虫卵刺激肛门部奇痒，驴在摩擦时将虫卵散布到外界，污染饲料、饮水、饲养用具等。当健康驴吃到虫卵后，在肠内孵出幼虫，发生感染。本病流行极其广泛。特别是卫生条件差、饲养管理粗放的情况下最容易感染。本病多发于1岁以下的幼驹和老龄马属动物。

【症状】　尖尾线虫寄生在结肠黏膜腺窝中，使结肠黏膜受到损伤，有时发生溃疡，或引起大肠炎。尾部、坐骨部脱毛和发生皮炎，继发细菌感染时，则引起化脓。发痒可使病驴不安，影响采食，导致消瘦、生长缓慢，有的发生腹泻。

【诊断】　出现尾部奇痒、脱毛这一典型症状，可以做出初步诊断。进一步检查时，通过显微镜镜检是否有虫卵进行确诊。检查时用蘸有50%甘油的药勺刮取肛门周围及会阴部的灰黄色污物，镜检发现虫卵即可确诊。由于雌虫不在肠道内产卵，所以用漂浮法检查粪便很难检出虫卵。但严重感染时，也可在粪便中发现虫体。

【防治】　注意驴舍的清洁卫生，保持草料和饮水的清洁，经常清扫，粪便用生物热法处理。对饲养用具等要定期消毒。要经常对驴体进行刷洗，尤其是对驴尾臀部、肛门等处要经常刷洗。发现病驴要马上隔离治疗，并将其用过的饲养用具等进行彻底刷洗和消毒。对驴要定期驱虫。

治疗时敌百虫按80毫克/千克体重，配成2%溶液，经胃一次投服。也可用灌肠方法驱虫。也可选用左旋咪唑按8毫克/千克体重，用温水稀释后经胃投服。在肛门周围及会阴部皮肤涂擦升汞软膏或苯酚软膏，可起到杀灭虫卵及局部止痒的作用。

12. 疥癣

疥癣是马属动物常见的一种体外寄生虫病，是由螨虫侵袭家畜皮肤所引起的一种慢性寄生性皮肤病，顽固性强，且人畜共患。

【病原】 本病病原最常见的为疥螨（穿孔疥虫）和痒螨（吸吮疥虫）。疥螨成虫体近圆形或椭圆形，背面隆起，呈乳白色或浅黄色。雌螨大小为（0.3~0.5）毫米×（0.25~0.4）毫米，雄螨为（0.2~0.3）毫米×（0.15~0.2）毫米。疥螨寄生于宿主的皮肤深层，形成虫道。雌虫在虫道内产卵，在适宜条件下经3~7天孵化出幼虫。幼虫经3~4天蜕皮后变成若虫，若虫再经一次蜕皮即变为成虫。痒螨寄生于宿主体表有毛部的皮肤表面，并在那里繁殖发育。

【流行特点】 疥癣主要由健康畜与病畜直接接触或通过污染的圈舍、用具间接接触引起感染。疥癣主要发生于冬季、秋末、春初，特别是圈舍潮湿、驴体卫生不良、毛长而密、皮肤表面湿度较高时，适合螨虫发育繁殖。夏季温度高，环境和皮肤干燥，不适宜螨虫生长繁殖，大部分螨虫死亡，只有少数螨虫潜伏在耳壳、腹股沟等阴暗的被毛深处，当条件适宜时又快速生长繁殖成为传染源。

【症状】 驴患本病时，先由头、颈、体侧开始，随后蔓延至肩、背、全身。病驴皮肤发痒，常有摩擦栏杆或啃咬现象，患部皮肤出现结节、水疱，破溃后形成痂皮，被毛脱落，皮肤肥厚、皱褶，病驴日渐消瘦（彩图18）。

【诊断】 根据发病季节、环境和主要症状可以初步确诊。确诊可刮取病驴皮屑，镜检有无螨虫的存在。操作时可用刀片在患病与健康皮肤交界处刮取皮屑直到出血，将刮取物放在载玻片上加甘油镜检，如能检出螨虫，则可确诊。或把刮取物放在黑纸上，用白炽灯照射，如果看到螨虫爬出，则可确诊。

【防治】 加强饲养管理，改善环境卫生，圈舍要清洁、干燥、通风，勤换垫料，避免闷热潮湿、密度过大，定期对圈舍、环境、用具消毒杀虫，常发地区每年定期驱虫和药浴。治疗时要采取内用杀螨药和外用杀螨药相结合。常用伊维菌素按 0.2~0.3 毫克/千克体重口服或皮下注射，隔 7 天再用 1 次。用 0.02% 氰戊菊酯或 0.005%~0.008% 溴氰菊酯外涂。用药前要对患部剪毛，用热肥皂水将局部皮肤洗净，然后涂擦、喷淋，涂药面积要覆盖过患病与健康皮肤交界线，隔 7 天再用药 1 次。

13. 伊氏锥虫病

伊氏锥虫病是一种急性或慢性血液原虫病。主要以贫血、进行性消瘦、黄疸、高热、黏膜出血、体表浮肿和神经症状等为特征。

【病原】 本病的病原是伊氏锥虫，是一种扁平柳叶状单细胞原虫。主要寄生在血浆中，并可随血液进入组织器官，尤其是肝脏、脾脏、淋巴结和骨髓等处。

【流行特点】 本病常见于马、牛、水牛、骆驼等，此外，犬、猪、羊、鹿等也可感染。马属动物易感性强。本病通过虻、蚊等吸血昆虫叮咬而传播，发病地区和季节与吸血昆虫的出现时间及活动范围一致。尤其在 7~9 月有着较高的发病率，一旦流行，就会出现较强感染性，传播速度快、死亡率较高。

【症状】 病驴体温突然升高到 40℃以上，经短时间的间歇，再度发热。可视黏膜苍白、黄染，结膜和瞬膜常出现暗红色出血斑。胸前、腹下、乳房、阴筒和四肢等处相继出现浮肿。发病末期，常呈现各种神经症状，如呆立、目光凝滞、对周围事物反应迟钝；或无目的地前冲，或做圆圈运动，或头颈弯向一侧。死前常表现后躯麻痹，不能站立，呼吸困难。慢性病例多为间歇热，血液稀薄，血红蛋白含量也相应减少。血液中能检出伊氏锥虫和吞铁细胞。

【诊断】 必须根据流行特点如季节、区域、病史、媒介昆虫和临床症状进行病原体检查及血清学诊断，必要时进行诊断性治疗，才能做出正确诊断。

【防治】 加强养殖管理，定期对圈舍进行消毒、清洁，通过杀死有害病体，控制病原传播。另外，对粪便要及时进行清理，并实施无害化处理，降低锥虫等病虫的入侵。加强检疫，新购入的驴应隔离饲养，检疫合格后方能混群饲养，定期采集本场驴血液进行检测，对于感染伊氏锥虫病的，要及时隔离，以免疫情大规模暴发。

治疗时可用萘磺苯酰脲按 10~15 毫克/千克体重，以灭菌蒸馏水或生理盐水配成 10% 溶液静脉注射，间隔 6 天，再进行第 2 次用药。对重症或复发病，静脉输注氯化钙、安钠咖和葡萄糖。也可应用喹嘧胺（又名安锥赛）进行治疗。喹嘧胺5毫克/千克体重，用生理盐水配成10%溶液，皮下或肌内注射。

14. 马媾疫

马媾疫是马媾疫锥虫寄生于马属动物的生殖器官引起的一种原虫病。以外生殖器炎症、水肿、皮肤轮状丘疹和后躯麻痹为特征。

【病原】 本病的病原体是马媾疫锥虫。是一种单形性虫体，长18~34微米，宽1~2微米，呈卷曲的柳叶状，前端尖锐，后端稍钝，虫体中央有1个椭圆形的核，并有由后向前延伸的鞭毛和波动膜。锥虫在宿主体内进行分裂增殖，一般沿体长轴纵分裂，由1个分裂为2个虫体。主要通过病畜与健康畜交配传播，因生殖器官黏膜的接触而感染。

【流行特点】 驴感染一般呈慢性或隐性型。带虫驴是马媾疫主要的传染源。马媾疫锥虫主要在生殖器官的黏膜寄生，有时极少量虫体能短时间地寄生于血液及其他组织器官中。本病主要在交配时传染，也可通过未经严格消毒的人工授精器械、用具等传染，所以本病在配种季节后发生的较多。仅马属动物有易感性，其他家畜不感染。

【症状】 马媾疫锥虫侵入公驴尿道或母驴阴道黏膜后，在黏膜上繁殖，引起局部炎症。在生殖器官出现症状后的1个多月，颈、胸、腹、臀部，尤其是肩部两侧皮肤出现凸出皮肤表面的无热无痛扁平丘疹，称轮状丘疹，直径为5~15毫米，呈圆形、椭圆或马蹄形，中央凹陷，周边隆起，界限明显。其特点是突然出现，迅速消失，然后再度反复，在病程后期，出现腰神经与后肢神经麻痹，步态强拘、后肢摇晃和跛行等。少数病驴出现面神经麻痹。

【诊断】 根据特征性临床症状和病理变化可做出初步诊断，确诊需进一步做实验室诊断。血清学检查常用琼脂扩散试验、间接血凝试验和补体结合反应等。病原检查时，采取尿道或阴道黏膜刮取物做压滴标本和涂片标本进行虫体检查，或进行动物接种试验。

【防治】 在发病区，配种季节前应对种公驴和繁殖母驴进行检疫。对健康种公驴和采精用的种驴，在配种前用喹嘧胺进行预防注射。在未发生过本病的养殖场，对新调入的种驴，要严格进行隔离检疫。大力发展人工授精，减少或杜绝感染的机会。

治疗时用萘磺苯酰脲按 1 克 /100 千克体重，以灭菌生理盐水配成 10% 溶液静脉注射，1 个月后再治疗 1 次；喹嘧胺按 0.3~0.5 克 /100 千克体重，以灭菌生理盐水配成 10% 溶液，皮下或肌内注射，隔天注射 1 次，连用 2~3 次；三氮脒按 0.35~0.38 克 /100 千克体重，配成 5% 溶液，分点深部肌内注射，可根据病情用药 1~3 次，间隔 5~12 天。

15. 口炎

口炎是驴口腔黏膜表层或深层组织的炎症。

【症状】 临床上以流涎和口腔黏膜潮红、肿胀或溃疡为特征。按炎症的性质分为卡他性、水泡性和溃疡性 3 种。卡他性口炎和溃疡性口炎较常见。

（1）卡他性口炎 主要是由麦秸和麦糠饲料中的麦芒机械刺激引起。此外，采食霉败饲料、维生素 B_2 缺乏等也可引发此病。表现为口腔黏膜疼痛、发热、流涎、不敢采食。检查口腔时可见颊部、硬腭及舌等处有大量麦芒透过黏膜扎入肌肉。

（2）溃疡性口炎 主要发生在舌面，其次是颊部和齿龈。初期黏膜层肥厚粗糙，继而黏膜层多处脱落，呈现长条或块状溃疡面，流黏涎，食欲减退。多发生于秋季或冬季。驴驹发病多于成年驴。

【治疗】 首先应消除病因，拔取口腔黏膜上的麦芒等异物，更换柔软饲草，修整锐齿。治疗时选取以下任意一种药剂冲洗口腔或涂抹溃疡面：1% 盐水、2%~3% 硼酸或 2%~3% 碳酸氢钠或 0.1% 高锰酸钾或 1% 明矾 2% 甲紫或碘甘油（5% 碘酊 1 份 + 甘油 9 份）。

16. 咽炎

它是指咽部黏膜及深层组织的炎症。临床上以吞咽障碍、咽部肿胀、敏感、流涎为特征。引起咽炎的主要原因是机械刺激，如粗硬的饲草、尖锐的异物、粗暴插入的胃管或马胃蝇寄生。吸入刺激性气体及寒冷刺激，也能引发咽炎。另外，在马腺疫、口炎和感冒等病程中，也往往继发咽炎。

【症状】 由于咽部疼痛，驴的头颈伸展，不愿活动。口内流涎，吞咽困难，饮水后常从鼻孔流出。触诊咽部敏感，并发咳嗽。

【防治】 加强饲养管理，改善环境卫生，特别防止受寒感冒。避免给粗硬、带刺和发霉变质的草料。用胃管投药时动作轻缓，发现病驴立即隔离。加强病驴护理，喂给柔软易消化的草料，饮用温水，圈舍通

风保暖。咽部可用温水、白酒温敷，每次 20~30 分钟，每天 2~3 次。也可以涂以鱼石脂软膏，或用复方醋酸铅散（醋酸铅 10 克、明矾 5 克、樟脑 2 克、薄荷 1 克、白陶土 80 克）外敷。重症可用抗生素或磺胺类药物。

17. 食管阻塞

本病由于食管被粗硬草料或异物堵塞而引起。临床上以突然发病和吞咽障碍为特征。本病多发于驴抢食或采食时，因驴突然被驱赶而吞咽过猛，采食胡萝卜、马铃薯、山芋等时易发生。

【症状】 驴突然停止采食，不安，摇头缩颈，不断做出吞咽动作。由于食管梗塞，后送障碍，梗塞前部的饲料和唾液不断从口鼻逆出，并伴有咳嗽。如果颈部食管梗塞，用手可摸到硬物，并有疼痛反应；胸部食管梗塞，触诊颈部食管有波动感，说明有多量唾液蓄积于梗塞物前方食道内，若以手顺次向上推压，有大量泡沫状液体由口鼻流出。

【防治】 迅速除去阻塞物，如能摸到可向上挤压，并牵动驴舌，即可排出。也可插入胃管先抽出梗塞部上方的液体，然后灌服液状石蜡 200~300 毫升。阻塞物较小时，可适量灌些温水，促使其进入胃中，或将胃管连接打气筒，有节奏打气，将梗塞物推入胃中。

【小经验】

民间治疗此病的方法是将缰绳短栓于驴的左前肢系部，然后驱赶驴往返运动 20~30 分钟，借颈部肌肉的收缩，将阻塞物送入胃中。

饲喂要定时定量，防止驴因过饥抢食。如果喂块根、块茎饲料，一是要在吃过草以后再喂，二是将块根、块茎饲料切成碎块再喂。饼粕类饲料要先粉碎、泡透，方可饲喂。

18. 肠便秘

肠便秘又称结症，是由肠内容物阻塞肠道而发生的一种疝痛。因阻塞部位不同，分为小肠积食和大肠便秘。驴以大肠便秘多见，多发生在小结肠、骨盆弯曲部、左下大结肠和右上大结肠的胃状膨大部。

【症状】 小肠积食常发生在采食中间或采食后 4 小时，病驴停食，精神沉郁，四肢发软欲卧，有时前肢刨地。若继发胃扩张，则疼痛明显。因驴吃草较细，故临床少见此病。大肠便秘时，发病缓慢，病初排便干硬，后停止排便，食欲废退。病驴口腔干燥，舌面有苔，精神沉郁。严重时出现间歇性腹痛，有时横卧，四肢伸直滚转。尿少或无尿，腹胀。小肠、胃状膨大部阻塞时，大都不胀气、腹围不大，但步态拘谨沉重。直肠便秘时，病驴努责，但排不出粪便，有时有少量黏液排出。尾巴上翘，行走摇摆。

本病多因饲养管理不当和天气变化所致，如长期饲喂单一品种秸秆，尤其是半干不湿的红薯秧、花生秧、豆秸等，最易发病。饮水不足也能引发此病。喂饮不及时、过饥、过饱、饲喂前后重役、突然变更草料，加之天气突变等因素，使机体一时不能适应，引起消化功能紊乱，也常发生此病。

【防治】 首先应该疏通肠道，排出阻塞物。其次是止痛、止酵，恢复肠蠕动。最后还要兼顾由此而引起的腹痛、胃肠臌胀、脱水、自体中毒和心力衰竭等一系列问题。

1）直肠减压法。从直肠入手，采用按压、握压、切压、捶结等疏通肠道的方法，隔肠破结，使结块破碎，直接排出。

2）内服泻药。小肠积食可灌服液状石蜡200~500毫升，加水200~500毫升；大肠便秘可用硫酸钠100~300克加温水配成2%溶液1次灌服，或用食盐100~300克加水配成2%溶液灌服，也可服用敌百虫5~10克加水500~1000毫升。在上述内服药中加入大黄末200克、松节油20毫升、鱼石脂20克，可止酵并增强疗效。

3）深部灌肠。用5000~10000毫升微温的生理盐水灌入直肠，用于治疗大肠便秘，可软化粪便、兴奋肠管、利于粪便排出。

19. 急性胃扩张

驴常见由于肠便秘继发而引起的胃扩张，极少见到因贪食过多难以消化和易于发酵草料而引起的急性胃扩张。

【症状】 病驴表现不安，明显腹痛，呼吸急促，有时出现逆呕或犬坐姿势。腹围一般不增大，肠音减弱或消失。初期排少量软粪便，以后排便停止。胃破裂后，病驴突然安静、头下垂、鼻孔开张、呼吸困难。全身冷汗如雨，脉搏细微，很快死亡。由于驴采食较慢，一般很少发生胃破裂。本病的诊断以插入胃管后可排出数量不等的胃内容物为诊断特征。

【防治】 采取以排出胃内容物、镇静解痉为主，以强心补液、加强护理为辅的治疗原则。先用胃管将胃内积滞的气体、液体导出，用生理盐水反复洗胃。然后内服水合氯醛、酒精、甲醛温水合剂。

  【小经验】

　　缺少药物的地方，可使用如下民间验方：醋100毫升、姜末40克、食盐20克，混合后灌服。

因失水而血液浓稠、心脏衰弱时，可强心补液，输液2000~3000毫升。对病驴要精心护理，防止因疝痛而造成胃破裂或肠变位。适当牵遛有利于病体康复。治愈后要停喂1天，再逐渐恢复正常饲喂。

20. 胃肠炎

胃肠炎是指胃肠黏膜及其深层组织的炎症。驴的胃肠炎，各地四季均可发生。主要病因是饲养管理不当，过食精饲料，饮水不洁，以及长期饲喂发霉草料、粗质草料或有毒植物，造成胃肠黏膜的损伤和胃肠功能的紊乱。用药不当，如大量应用广谱抗生素，尤其是大量使用泻药，都易引发胃肠炎。此病的急性病例死亡率较高。

【症状】 发病初期，出现类似急性胃肠卡他性症状，而后精神沉郁，食欲废退，饮水增加；结膜发绀，齿龈出现不同程度的紫红色；舌面有苔，污秽不洁；剧烈的腹痛是其主要症状，粪便酸臭或恶臭，并带有血液和黏液。有的病驴呈间歇性腹痛。体温升高，一般为39~40.5℃，脉搏弱而快；眼窝凹陷，有脱水现象，严重时发生自体中毒。

【防治】 为排除炎症产物，要先缓泻，才能止泻。采取补液、解毒、强心相结合的方法。治疗的原则是抑菌消炎，清理胃肠，保护胃肠黏膜，制止胃肠内容物的腐败发酵，维护心脏功能，解除中毒，预防脱水和增加病驴的抵抗力。病初用无刺激性的泻药，如用液状石蜡200~300毫升缓泻；肠道止酵消毒，可用鱼石脂20克；杀菌消炎用磺胺类或抗生素；保护胃肠黏膜可用淀粉糊、碱式硝酸铋、白陶土；强心可用安钠咖、樟脑；解自体中毒，可用碳酸氢钠或乳酸钠，并大量输入糖盐水，以解决缺水和电解质失衡问题。

本病预防的关键在于注意饲养管理，不喂变质发霉草料，饮水要清洁。

21. 新生驹胎粪秘结

本病为新生驴驹常发病，主要是由于母驴妊娠后期饲养管理不当、营养不良，致使新生驴驹体质衰弱，引起胎粪秘结。

【症状】 病驹不安，拱背，举尾，肛门凸出，频频努责，常呈排便动作。严重时疝痛明显，起卧打滚，回视腹部和拧尾。久之病驹精神不振，不吃奶，全身无力，卧地，直至死亡。

【治疗】 可用软皂、温水、食用油、液状石蜡等灌肠，在灌肠后内服少量双醋酚丁，效果更佳。也可给予泻药或轻泻药，如液状石蜡或硫酸钠（严格掌握剂量）。在预防上应加强对妊娠驴的后期饲养管理，驴驹出生后尽早吃上初乳。

22. 驴驹腹泻

驴驹腹泻是一种常见病，多发生在驴驹出生后 1~2 个月。如果长期不能治愈，会造成营养不良，影响发育甚至死亡，危害极大。本病病因多样，如给母驴过量蛋白质饲料，造成乳汁浓稠，引起驴驹消化不良而腹泻。其他病因包括病毒感染、细菌感染和寄生虫感染等。

(1) **细菌性腹泻** 多数由致病性大肠杆菌引起。

【症状】 病驹剧烈腹泻，体温升高至 40℃ 以上，脉搏、呼吸加快。结膜暗红甚至发绀，肠音减弱，粪便腥臭并混有黏膜和血液。由于剧烈腹泻而使驴驹脱水，眼窝凹陷，口腔干燥，排尿少且浓稠。随着病情加重，驴驹极度虚弱，反应迟钝，四肢末梢发凉。引起驴驹发生此病的主要原因是圈舍消毒不严，圈舍潮湿，驴驹通过污染的乳头或舔食带有大肠杆菌的物品及粪便经消化道所感染。

【防治】 治疗方式以抗菌消炎、清热解毒、止泻为主。西药治疗以氨苄西林钠按 20 毫克/千克体重静脉注射，恩诺沙星按 0.1 毫升/千克体重肌内注射，每天 2 次。病情严重的要补液强心，纠正自体中毒。中药用乌梅散会起到不错效果：乌梅 12 克、郁金 10 克、茯苓 10 克、砂仁 8 克、姜黄 8 克、黄连 8 克、诃子 15 克、石榴皮 10 克、炙甘草 5 克，开水煎服。将以上中药加水 1000 毫升，文火熬制剩余水量为 150 毫升即可，每天分 3 次灌服，每次 50 毫升，连续灌服 3~5 天。

预防本病要做到保持圈舍通风干燥，产房要清洁卫生，做好常规圈舍消毒，发病期间每天消毒 1 次。

(2) **病毒性腹泻** 最主要的致病病毒是轮状病毒，多发生于 1 月龄左右的驴驹。

【症状】 病驹排黄色水样粪便，排粪姿势以喷射水柱状为主，肛门

括约肌松弛，发病急，脱水快，病驹微热，减食或停止吮乳。

【防治】 治疗以补液强心、收敛止泻、抗病毒和防止脱水为原则，口服补液可用氯化钠3.5克、氯化钾1.5克、碳酸氢钠2.5克、葡萄糖20克、加水1升按4毫升/千克体重灌服。脱水严重的按15毫升/千克体重灌服。病情严重的需静脉补液，每50千克体重用药量如下：5%葡萄糖300毫升、0.9%氯化钠300毫升、维生素C 20毫升、庆大霉素10毫升、乌洛托品10毫升，另外单输乳酸左氧氟沙星100毫升，每天1次，连输5天。中药治疗用补气止泻散：砂仁60克、山药60克、当归70克、木瓜70克、茯苓60克、干姜50克、藿香60克、五味子40克、炙甘草30克、白术80克、党参40克、肉豆蔻40克、熟地70克，开水煎服，连续内服5天，有特效，此方为300千克体重用量，可根据体重大小酌情加减。发现有此症状的驴驹首先要隔离到清洁干净温暖的畜舍，防止脱水和继发感染，对病驹的排泄物及时进行处理，圈舍要定期消毒，用次氯酸钠消毒液（84消毒液）最佳。

(3) 霉菌性腹泻

【症状】 驴驹病初不易被发现，发病时临床症状明显、发病较快，有急性腹痛症状，排红色血便，病驹神经症状明显，狂躁不安和沉郁交替出现。后期腹痛加剧。

【防治】 预防本病须加强圈舍卫生，注意饲草料质量，发现霉变立即停止饲喂，饮水清洁。

治疗以清理胃肠，抑菌消炎，补液强心为原则。先使用液状石蜡和人工盐排除胃肠毒素，方法为每50千克体重加人工盐100克、液状石蜡150毫升、水500毫升混合灌服，待胃肠内容物排泄掉后，要立即止泻，用鞣酸蛋白30克、碱式硝酸铋30克、木炭末200克、碳酸氢钠40克加水适量一次内服，此方用量为300千克体重用量，可根据体重大小酌情加减。病情严重需进行补液强心治疗：0.9%氯化钠2000毫升、维生素C 50毫升、乌洛托品80毫升、樟脑磺酸钠20毫升，一次静脉注射，此方为300千克体重用量，可根据体重大小酌情加减。补液2~3天外观症状会有明显减轻，腹痛剧烈时可肌内注射氢溴酸东莨菪碱6支缓解腹痛。

(4) 消化不良性腹泻 这是不具有传染性的常见胃肠道疾病，分单纯消化不良腹泻和中毒消化不良腹泻。引起此病的原因主要是母驴妊娠后期饲草料单一，母乳质劣量少，不能满足驴驹的发育需要，使驴驹一直处于饥饿状态；另外，圈舍潮湿且卫生质量差，驴驹舔食异物也会引发此病。

【症状】 主要症状为腹泻，初期粪便黏稠色白，以后稀如浆水，并混有泡沫及未消化的食物。病驹精神不振，喜卧，食欲废绝，而体温、脉搏、呼吸一般无明显变化，个别的体温升高。患单纯性消化不良腹泻的驴驹，粪便颜色为浅黄或灰白色，粪便里有未消化的絮状物，有酸臭和腥臭味；患中毒性消化不良的驴驹腹泻严重，频排水样粪便，粪便里含有大量黏液和血液，并有腐败气味，后期会出现肛门松弛、排粪失禁、眼球下陷、皮肤无弹力、心跳加快、体温下降、四肢末梢发凉等症状，如果治疗不及时，死亡率非常高。

【防治】 治疗单纯性消化不良腹泻治疗以调整胃肠机能、抑菌消炎、补液解毒为主，粪便臭味不大时使用鞣酸蛋白加炒焦的红高粱适量灌服，效果很好。中毒性消化不良腹泻可按霉菌性腹泻治疗。

预防方式：改善母驴和驴驹的生活环境，避免驴驹生活在潮湿的圈舍，提高饲料营养水平，添加充足维生素，微量元素。让新生驴驹尽早吃到初乳和提早给驴驹补饲都是减少驴驹消化不良的有效手段。初乳中蛋白质含量多，有增强体质、增强抗病力、促进胎粪排出的作用。提早补饲，出生半个月就可以训练驴驹吃草料，促进消化道发育。

23. 支气管肺炎

支气管肺炎又称为小叶性肺炎，驴驹和老龄驴常见。临床上以出现弛张热、呼吸加快、听诊有捻发音为特征。当驴过劳、饥饿、受寒冷刺激或吸入刺激性气体等而使机体抵抗力降低时，肺炎球菌及各种病原微生物乘机发育繁殖，引起发病。支气管肺炎也可继发于马腺疫、鼻疽、感冒等病的经过中。

【症状】 病初呈支气管炎的症状，但全身症状较重。病驴精神沉郁，结膜潮红或发绀，脉搏加快，每分钟 60~100 次，呼吸浅表且加快，每分钟可达 40~100 次，呼吸困难的程度随发炎的面积大小而不同。体温于 2~3 天内升至 40℃ 以上，以后多呈弛张热型。个别体质极度衰弱的病驴，体温不一定升高。

在病灶部位听诊，病初肺泡呼吸音减弱，可听到捻发音。以后，当肺泡和支气管内完全充满渗出液时，则肺泡呼吸音消失。因炎性渗出物

的性状不同,随着气流通过发炎部位的支气管腔时,可听到干性啰音或湿性啰音。健康部位的肺由于代偿呼吸,肺泡呼吸音增强。

【防治】 临床上常用磺胺制剂及抗生素,常用磺胺制剂为磺胺嘧啶,常用抗生素为青霉素100万~200万单位,肌内注射,每8~12小时注射1次。对重症驴可同时以青霉素100万单位,加入复方氯化钠液或5%葡萄糖盐水500毫升内,溶解后,缓慢静脉注射,效果也不错。也可选用土霉素等广谱抗生素。

为制止渗出和促进炎性渗出物吸收,可静脉注射10%氯化钙50~100毫升,每天1次;或静脉注射葡萄糖酸钙注射液200毫升。

为了增强心脏机能,改善血液循环,可适当选用强心剂,如安钠咖、樟脑、强尔心(氧化樟脑注射液)等。

24. 驴妊娠毒血症

本病是驴妊娠末期的一种代谢疾病,主要特征是产前顽固性不吃不喝。见于怀骡母驴,1~3胎的母驴多发,死亡率高达70%左右。本病的病因至今尚不十分清楚,临床上常与胎儿过大、运动不足、饲养管理不当相关联。

【症状】 产前食欲减退或突然、持续不吃不喝。精神沉郁,口色较红而干,口稍臭,舌长苔,结膜潮红。排少量黑干粪便,有的干稀交替,体温正常。重症时,精神高度沉郁,下唇松弛下垂,有的有异食癖,结膜暗红或污黄,口恶臭,肠音弱,尿少且黏稠如油。脉搏达每分钟80次以上,心音亢进,心律不齐,颈动脉波动明显。剖检主要见有肝脏、肾脏脂肪浸润,形成广泛性血管内血栓。

【治疗】 以肌醇作为驱脂主药,促进脂肪代谢、降低血脂、保肝、解毒,效果较好。可采用下列方剂:

1)12.5%肌醇20~30毫升,10%葡萄糖液1000毫升静脉注射,每天2次。

2)0.15克复方胆碱片20~30片,酵母粉10~15克,0.1克磷酸酯酶片15~20片,稀盐酸15毫升灌服,每天1~2次。

3)其他药物,如氢化可的松、复合维生素B、维生素C、中药补中益气汤等。

25. 子宫内膜炎

本病属于子宫黏膜的炎症,是母驴不育的主要原因之一。分娩时或产后发生微生物感染，尤其是难产助产、胎衣不下等情况时更易发生。也可继发于沙门菌病、马媾疫、支原体病等。

【症状】 病驴在产后时常拱背、努责，从阴门内排出少量黏性或脓性分泌物。严重者分泌物呈污红色、恶臭，卧下时排出量增多。体温升高，精神沉郁。若治疗不当，可转为慢性子宫内膜炎，出现不发情或虽发情但屡配不孕。直检子宫角稍变粗、子宫壁增厚、弹性差。阴道检查有少量絮状或浑浊黏液，有的出现子宫积水。

【治疗】 抗生素治疗配合子宫冲洗。土霉素或青霉素肌内注射，连续应用至痊愈。冲洗子宫时要用1根胶管插至子宫腔的前下部，管外端接漏斗，倒入0.02%新洁尔灭500毫升，待漏斗内液体快流完时，迅速把漏斗放低，借助虹吸作用使子宫腔内的液体排出，反复2~3次。洗净后放尽冲洗液，子宫腔内放置少许抗生素。整个操作过程要保持不被污染，器具要消毒，隔天1次，连做2~3次。

【小经验】

中药处方：益母草、黄芪、党参、白术、当归、生姜、陈皮，共为细末，开水冲调，加黄酒灌服。

26. 蜂窝织炎

蜂窝织炎是皮下、筋膜下或肌肉间等疏松结缔组织内发生的急性、弥漫性化脓性炎症。在疏松结缔组织中形成浆液性、化脓性或腐败性渗出物，病变易扩散并向深部组织蔓延，同时伴有明显的全身症状。

溶血性链球菌和葡萄球菌是本病的致病菌，极少见于腐败菌感染。本病一般可原发于皮肤和软组织损伤的感染，也可继发于邻近组织或器官化脓性感染的扩散，或经淋巴、血液的转移。有时疏松结缔组织内误注入或漏入强刺激性药物也可引起。

【症状】 蜂窝织炎的临床症状，一般是明显的局部增温，剧烈疼痛，大面积肿胀，严重的功能障碍，体温升高至39~40℃，精神沉郁，食欲减退。根据发病部位分为3类。

1）皮下蜂窝织炎。常发生在四肢或颈部皮下。

2）筋膜下蜂窝织炎。常发生在鬐甲部、背腰部、小腿部、股间筋膜和臂筋膜等处筋膜下的疏松结缔组织。

3）肌间蜂窝织炎。常发生在前臂及小腿以上部位，特别是臀部的肌间及疏松结缔组织。由于开放性骨折、火器伤、化脓性关节炎、化脓性腱鞘炎等所引起，多继发于皮下或筋膜下的蜂窝织炎，损伤肌肉组织、神经组织和血管。

【治疗】 必须采取局部和全身疗法并重的治疗原则。

1) 局部疗法。首先要彻底处理引起感染的创伤。病初，当组织尚未出现化脓性溶解时，对肿胀部位用硫酸镁、樟脑酒精、复方醋酸铅散或雄黄散温敷；应用上述疗法后，局部肿胀不见消退，且体温仍高时，应及早切开患部组织，减轻组织内压，排出炎性渗出物和脓汁，清洗创腔、选用适当药物引流，以后可按化脓感染创处理。

2) 全身疗法。早用磺胺类药物、抗生素及普鲁卡因封闭方法以控制感染。对病驴加强饲养管理，给予全价营养的饲料。

27. 蹄叶炎

蹄叶炎又称蹄壁真皮炎，是蹄前半部真皮的弥漫性非化脓性炎症。前后蹄均可发病，单蹄发病则少见。病因尚不十分清楚，初步分析与下列因素有关：一是突然食入大量精饲料或难消化的草料，缺乏运动，引起消化障碍，产生的毒素被吸收，导致血液循环功能紊乱而致；二是长期不运动，突然重役，又遇风寒感冒等；三是蹄形不正，或装、削蹄不适宜而诱发；四是驴患流感、肺炎、肠炎及产后疾病时也可继发本病。

【症状】 分为急性期和慢性期症状。

1) 急性期两前蹄发病，站立时两前肢伸向前方，蹄尖翘起，以蹄踵着地负重，同时头颈抬高，身体重心后移，拱腰，后躯下蹲，两后肢前伸于腹下负重，常想卧地。强迫运动时，两前肢步幅急速而小，时走时停。病重时，卧地不起。两后蹄发病，站立时头颈低下，躯体重心前移，两前肢尽量后踏以分担后肢负重，拱腰，后躯下蹲，两后肢伸向前方，蹄尖翘起，以蹄踵着地负重，强迫运动，两后肢步幅急速而小，呈紧张步样。四蹄发病，无法支持站立而卧地。重症者长期卧地不起，指（趾）动脉搏动亢进，蹄温升高，蹄尖壁疼痛剧烈，肌肉震颤，体温升高至39~40℃，心跳加快，呼吸急促，结膜潮红。

2) 慢性期。急性蹄叶炎的典型经过一般为6~8天，如不痊愈则转为慢性。症状减缓、经久不愈的可出现蹄踵、蹄冠狭窄，有的则形成芜蹄，即蹄踵壁明显增高，蹄尖壁倾斜，整体变形。

【治疗】 采用普鲁卡因封闭疗法和脱敏疗法，消除病因，消炎镇痛，控制渗出，改善循环，防止蹄变形。对消化障碍可服用小剂量泻药缓泻，清理胃肠，排除毒物。

28. 蹄叉腐烂

蹄叉腐烂是蹄叉角质被分解、腐烂，同时引起蹄叉真皮层的炎症。发病原因是圈舍不洁、粪尿腐蚀、蹄叉过削、蹄踵过高、狭窄、延长蹄及运动不足等妨碍蹄的开闭功能，使蹄叉角质抵抗力降低。一般后蹄发病较多。

【症状】 蹄叉角质腐烂，角质裂烂呈洞，并排出恶臭的黑灰色液体。重者跛行，特别是在软地运动时跛行严重。当真皮暴露时，容易出血、感染，最后诱发蹄叉"癌"，即蹄叉真皮乳头明显增殖，新生的角质呈分叶状，形似菊花瓣，有时形成柔软的菜花样赘生物。

【治疗】 削去腐烂的角质，用3%来苏儿或过氧化氢（双氧水）彻底清洗后，填塞高锰酸钾粉或硫酸铜粉和浸渍松馏油的纱布条后，装上带底的蹄铁（薄铁片、橡胶片、帆布片等均可）。对轻症蹄叉腐烂，清洗患部，除去赘生物后，用水杨酸硼酸合剂治疗，取水杨酸2份、硼酸1份，混合均匀，撒布于患部厚2~3厘米，敷盖纱布，装上带底蹄铁，隔2~3天换药1次。

29. 霉玉米中毒

本病是由于饲喂霉玉米所引起的以神经症状为主的中毒性疾病。引发中毒的主要为念珠状镰刀菌寄生于玉米粒内产生一种有毒物质。该毒素能耐高温，驴对它特别敏感。

【症状】 病驴精神沉郁，失明，口唇松弛，舌露口外，往往垂头呆立或以头抵物呈昏睡状，有时狂躁不安，前冲后退或转圈，肠音减弱或消失，粪便干或腹泻，有潜血，尿少、色深，体温正常或下降。运动时，步态不稳或拒绝运动。血液学检查，白细胞总数减少，中性粒细胞增多，淋巴细胞减少。病情严重的病驴经1~2天死亡，病情轻的可在几天之后症状逐渐消失，恢复后的驴没有后遗症。

妊娠后期母驴患本病，往往造成流产或早产。早产驴驹可视黏膜呈蓝紫色，齿龈、舌下有出血点，耳尖及四肢发凉，不能站立，重症很快死亡，轻者可以治愈。

【防治】 预防本病最有效的方法就是防止饲喂霉玉米和其他发霉的

草料。发现有镰刀菌中毒症状的病驴，应立即停喂霉玉米及其他发霉草料，停止使役，加强护理，防止病驴撞伤。

1）对症治疗。可静脉注射葡萄糖氯化钠 1000~1500 毫升、10%~20% 葡萄糖 500~1000 毫升、40% 乌洛托品 50~100 毫升的混合液，每天 2~3 次，有强心、解毒作用。病驴兴奋不安时，可用镇静剂。

2）促进毒物排出。可放血 500~1000 毫升，放血后立即补液。内服硫酸钠或人工盐缓泻，然后灌服淀粉浆保护胃肠黏膜。

第四节　疾病防控实例

1. 基本情况

天津市宝坻区某肉驴养殖户，2016 年从甘肃购买三粉驴 10 头，其中公驴 1 头，公、母驴混圈饲养。2017 年 2 月开始，有 3 头母驴陆续生产，出生的 3 头驴驹都表现为食欲不振，发育不良，体质衰弱，被毛粗乱无光泽，四肢关节肿大，不愿站立和运动，其中一头驴驹出生后表现为站立困难，人为辅助站立时两前肢向外侧弯曲，站立不稳并有向前倾倒的趋势（彩图 19）。

2. 调查分析

该养殖户为首次饲养肉驴，饲养管理经验不足，公、母驴混合圈饲养，配种时公、母驴的月龄只有 24 个月左右，都没有完全达到生理成熟，存在早配早孕现象，出生的驴驹存在先天性不足。饲喂方面，该养殖户参照其他养殖户的做法，用玉米、麸皮、豆粕和某公司的 4% 预混料自己配制饲料，公驴、母驴、妊娠母驴都用同一个配方，妊娠母驴的饲料营养水平明显偏低，胎儿在母体内无法获得足够的营养物质。饲养环境方面，主要是饲养密度较大，没有足够的活动空间，母驴妊娠期间得不到充分的光照也造成胎儿在母体内无法获得足够的钙，进而影响胎儿骨组织的正常发育，出生后发生站立困难等症状。

3. 防控方案

根据临床表现和调查分析，本例是由于饲养管理不当造成的驴驹佝偻病，从以下几个方面进行预防和控制工作：一是把公驴和母驴分圈饲养，防止早配早孕现象发生；二是将妊娠及哺乳母驴也和其他母驴分开，饲养哺乳母驴的地方面积较大并能很好地接受阳光照射；三是不同肉驴使用不同的饲料配方,在上述已生产的3头母驴的饲料中添加多种维生素和电解质;四是给3头驴驹肌内注射维丁胶性钙2毫升,每天1次,同时每天饲喂鱼肝油10毫升,连续用药1周后,驴驹症状明显好转。此后,扩大驴驹活动范围,并让其经常晒太阳,补饲骨粉和电解多维。

第八章
养殖典型实例

一、典型实例一

天津农垦龙天畜牧养殖有限公司始建于2008年,2010年进行了公司注册,注册资金为人民币1000万元,由于公司产业结构调整,2019年10月开始,公司陆续搬迁到内蒙古敖汉旗经营。2023年天津农垦龙天养殖有限公司注销。公司注册"龙天驴王"商标,是全国圈养规模最大的种驴繁育基地。公司占地120亩,建筑面积为26000平方米,有大型养殖车间4座、规模养殖圈40个,种公驴存栏40头,常年存栏繁殖母驴3000头以上,面向全国提供优质种驴、驴驹、育肥肉驴。同时提供养殖技术指导及养殖场地建设、品牌宣传、销售渠道及市场信息等配套服务。

1. 场址选择

场址距离村镇3000米以上,周围无其他养殖公司和学校等人员集中场所。该地交通便利,位于112国道(津榆公路)北侧,周围环绕津蓟、津京、滨保3条高速公路,距离以上3条高速公路出口都在10千米以内,距离天津市中心城区只有20多千米,交通便利,地理区位条件优越。公司和国道有农田和农用灌溉河相隔,进出公司的所有人员和车辆必须经过河上的专用桥梁方可进入。公司大门(图8-1)与国道有专用道路,道路两侧农田起到防疫缓冲带的作用。这样的场址

图8-1 公司大门

满足了生产需求，不对周围环境造成污染的同时又避免外界环境影响生产顺利进行。

2. 场区布局

场区从南到北依次为管理区、生产辅助区、养殖区、隔离区及粪污处理区，各区域界线明显，管理区和生产辅助区有围墙相隔，生产辅助区与养殖区之间设有围栏，隔离区及粪污处理区在地势最低处。管理区内行政管理、采购、销售、财务及宿舍等用房根据养殖规模合理配置，充分发挥后勤保障作用。生产辅助的1100米²草料库（图8-2），6000吨大型青贮窖，防火、防涝等设施设备齐全。养殖区内科学合理地划分了后备驴舍、繁殖母驴舍、分娩及母子驴舍、种公驴舍，每个区域设专人负责，确保种驴繁育顺利进行。

图8-2 草料库

3. 养殖方式

公司以繁育优良种驴为主要业务，根据驴的繁育特点和种驴销售规律等具体情况采用以下养殖方式：

（1）**种公驴养殖方式** 挑选、训练后留作种用的公驴单圈饲养，公司专业人员配制专用精饲料配合谷草、苜蓿干草等粗饲料饲喂。非配种期每头驴每天饲喂粗饲料为5千克左右、精饲料2千克左右。进入配种期前1个月开始逐渐增加精饲料用量，到配种期每头驴每天饲喂精饲料3.5千克左右，并投喂胡萝卜1千克。配种任务重时每天喂给3~4个鸡蛋。除喂料、饮水、卫生等日常管理外，每天通过机械运动器具（图8-3）或人工牵引运动1.5~2小时。

（2）**繁殖母驴养殖方式** 通过评价将膘情一致的繁殖母驴以20~30头为1个饲养单位混群饲养，根据膘情情况配制日粮，防止母驴过肥或营养不良。母驴圈舍除舍内面积外设置户外运动场（图8-4），保证母驴有运动和晒太阳的场地。空怀母驴每天饲喂精饲料1千克左右，粗饲料

以优质干草为主。配种前 1 个月开始加强饲养管理,增加日粮中的蛋白质含量,并增加鲜青草、干青草或青贮饲料。配种后,将妊娠检查为阳性的母驴分圈饲养,以免在对其他母驴进行发情鉴定、配种等工作中引起母驴流产。妊娠母驴产前 1 个月左右转入分娩驴舍,哺乳期母驴饲料配方中应包括玉米 50% 左右、豆粕 20% 左右,配备充足的维生素和矿物质等营养成分。

(3) 驴驹及后备驴养殖方式 哺乳期的驴驹随母驴在母子驴舍内生活,驴驹 1 月龄开始在吃母乳的同时补充玉米、麸皮煮成的粥样精饲料,2 月龄时,每天补充精饲料达到 0.5 千克左右,断奶时每天补充精饲料到 1 千克左右,其间优质青干草自由采食。断奶后驴驹分群饲养,每天饲喂 4 次,饲料以精饲料和优质干草为主,每天精饲料达到 2 千克左右。性成熟前公、母驴分开始养,并依据相关遗传记录资料和个体体质定向培养或出售。

4. 养殖关键技术

公司成立之初就坚持科技兴企战略,与多所科研院所建立广泛联系,共同开展肉驴相关科研项目,解决养殖过程中的实际问题,形成肉驴繁育、养殖环境调控、饲料营养等一

图 8-3 公驴运动器械

图 8-4 母驴运动场

系列关键技术。"优质肉驴体系及遗传评定技术""遗传改良及杂交优势高效利用技术"在肉驴品种纯化和当地饲养品种改良方面发挥作用;"优质肉驴产业化饲料营养技术"的应用促进肉驴生长发育并提高繁育等各项生产性能;"肉驴场防疫消毒技术"从生物安全的角度出发,控制了疾病的发生(图8-5)。各项关键技术的实施,提高了养殖利润,各技术团队也都受到公司和市级相关部门的表扬,公司肉驴配种技术组曾获得"天津市新长征突击队"荣誉称号(图8-6)。

图8-5 防疫消毒

图8-6 龙天畜牧养殖有限公司配种组荣誉证书

二、典型实例二

天津市蓟州区东塔兴盛肉驴养殖专业合作社是集肉驴饲养、屠宰加工和特色餐饮经营为一体的农民专业合作社，从事肉驴养殖和驴肉屠宰加工经营十余年，社会经济效益显著，在发展地方特色养殖业、带动农民致富方面也发挥了重要作用。

1. 肉驴饲养

合作社 5 个成员户的养殖棚舍面积为 3000 米^2，肉驴常年存栏量为 500 多头，育肥驴和成年驴采取半开放式驴舍饲养，妊娠母驴和驴驹采用封闭式驴舍或塑料暖棚驴舍饲养。粗饲料以当地的玉米、稻谷、大豆、花生等农作物秸秆为主，在精饲料方面，部分成员户采用全价配合饲料，另外一些成员户购买 5% 专用预混料自己配料。为保证肉驴养殖成功，各个饲养场所的饲料库房、肉驴运动场，以及饲养管理、防疫消毒、粪污处理、多功能保温式水槽（彩图 20）等基本设施设备配备齐全。多年来，各成员户饲养过程中未发生任何重大疾病，肉驴繁殖力、驴驹成活率、生长发育成绩和育肥效果显著高于当地肉驴生产平均水平。

2. 屠宰加工

除成员户饲养的肉驴外，合作社还大量收购当地及外地的活驴进行屠宰加工，年屠宰量逐年增加。特别是 2010 年以来，原来的屠宰加工场所和纯人工屠宰方法已不能满足生产的需要，合作社于 2014 年 2 月注册成立天津市蓟县达美佳驴肉经营部（2016 年更名为天津市达美佳驴肉销售有限公司），扩建屠宰车间，增建冷库和检验室，引进各种设备，同年 4 月取得"东塔驴肉"注册商标。随着生产的发展，2018 年合作社投资 1500 多万元建设更为先进的肉驴屠宰场所（彩图 21），占地面积为 10000 米^2，车间及办公面积为 3000 米^2，年屠宰能力达 5 万头，该车间的建成在保证驴肉食品的安全，减少环境污染等方面发挥了积极的作用，为当地肉驴产业更好、更快发展起到了带头作用。

3. 驴肉销售和餐饮经营

合作社驴肉产品有生鲜肉和熟肉两种，主要销往京津冀地区。合作社以"东塔驴肉"为品牌的餐饮服务也取得了成功（图 8-7），除合作社所在地外，还在蓟州城区和滨海新区开设了分店，经济效益显著。

图 8-7　合作社驴肉馆

4. 发挥服务和带动作用

初期参加合作社的成员户都有活驴收购、屠宰加工和产品销售的经历，在肉驴饲料、药品、市场行情、技术、肉驴品种和来源等方面都有丰富的经验和群体基础。在合作社的经营过程中，各成员户分工明确，肉驴饲养方面为养殖户提供驴驹或从外地调入架子驴并提供场地建设、饲养管理等技术指导，活驴收购和屠宰方面实现养殖户利润最大化管理，为周边养殖户特别是新加入肉驴养殖行业的养殖户提供了全方位的帮助。近年来，合作社申报了肉驴相关的一二三产业融合发展项目和农业科技成果转化项目，作为天津市科技帮扶项目的示范基地完成了肉驴饲养管理和疾病防控等技术的示范应用、观摩、交流和培训，起到了带动周边区域，实现共同致富的作用。

参 考 文 献

[1] 崔国华.浅谈肉驴养殖前景与养殖技术［J］.今日畜牧兽医，2018，34（2）：50.
[2] 杜娟，宋燕，宋富琴.肉驴产业的发展现状、存在问题及对策建议［J］.肉类工业，2014（8）：3-6.
[3] 王世泰.甘肃省驴产业发展现状及问题［J］.甘肃畜牧兽医，2018，48（10）：35-38.
[4] 谢文章，杨德智.庆阳市驴业现状与发展趋势分析［J］.畜牧兽医杂志，2014，33（5）：27-30.
[5] 包牧仁，马万欣，佟乌龙，等.库伦驴现状与保种利用研究［J］.黑龙江畜牧兽医，2018（18）：84-86，245.
[6] 华旭，阿敏，阿瑛.驴的起源、中国驴品种和驴的产出［J］.当代畜禽养殖业，2018（3）：14-16.
[7] 陈建兴，孙玉江，潘庆杰，等.驴生物制品开发利用研究进展［C］// 中国畜牧业协会.首届（2015）中国驴业发展大会高层论坛论文汇编.聊城：中国畜牧业协会，2015：190-192.
[8] 陈克青，周进英.肉驴的性能特征及养殖发展状况［J］.中国牛业科学，2018，44（2）：61-63.
[9] 库鲁西，哈木巴太，木合买提，等.肉驴生产价值与肉驴养殖技术［J］.新疆畜牧业，2011（11）：48-50，44.
[10] 周自强，孟宪武，吴传飞，等.苏北毛驴的现状与发展构想［C］// 中国畜牧业协会.首届（2015）中国驴业发展大会高层论坛论文汇编.聊城：中国畜牧业协会，2015.
[11] 司占军，金晖.我国驴业生产发展现状及趋势分析［J］.新农业，2018（23）：47.
[12] 张淑珍，孙爱林，李守富，等.我国肉驴产业现状与展望［J］.贵州畜牧兽医，2016，40（4）：37-38.
[13] 文武.养驴现状与驴产业发展［J］.中国牧业通讯，2008（17）：21-22.
[14] 陈建兴，陈海伟，毕晓丹，等.驴CSN3基因序列分析［J］.赤峰学院学报（自然科学版），2014，30（14）：11-13.
[15] 赵君.驴病的特点与诊断［J］.农村实用技术，2008（10）：55.
[16] 黄艳娥.驴和骡的生物学特性及饲养管理［J］.当代畜禽养殖业，2017（6）：21.
[17] 陈建兴，孙玉江，潘庆杰，等.驴和马COL1A1基因比较分析［J］.江苏

农业科学, 2017, 45 (10): 42-44.
[18] 魏子翔, 陈远庆, 曲洪磊, 等. 驴营养需要综述 [J]. 聊城大学学报（自然科学版）, 2018, 31 (3): 106-110.
[19] 佚名. 驴的无公害标准化饲养 [J]. 养殖与饲料, 2013 (8): 31.
[20] 刘莹. 关中驴 [N]. 农民日报, 2014-05-14 (2).
[21] 王立之, 李鸿文, 李景芬, 等. 泌阳驴调查报告 [J]. 河南农林科技, 1983 (5): 27-28, 38.
[22] 袁丰涛, 郭振川. 庆阳驴的品种特征与保种建议 [J]. 甘肃畜牧兽医, 2014, 44 (2): 28-31.
[23] 索依力巴图. 驴品种之———新疆驴 [J]. 新疆畜牧业, 2016 (6): 30-31.
[24] 刘瑛. 德州驴 [N]. 农民日报, 2014-05-14 (2).
[25] 冯志华. 地方良种驴——晋南驴 [J]. 农村百事通, 2015 (8): 43, 73.
[26] 谢志高. 地方优良驴种——佳米驴 [J]. 农村百事通, 2014 (16): 36, 73.
[27] 杨治平. 广灵驴简介 [J]. 农业开发与装备, 2018 (9): 230-231.
[28] 尤天水. 晋南驴 [J]. 山西农业科学, 1986 (12): 42.
[29] 冯志华. 晋南驴简介 [J]. 辽宁畜牧兽医, 1984 (6): 14-15.
[30] 王长岭. 驴品种的介绍 [J]. 养殖技术顾问, 2011 (8): 52.
[31] 聂鸿瑶, 张思云, 冯志华, 等. 山西晋南驴 [J]. 畜牧与兽医, 1983 (2): 17-19.
[32] 惠恩举. 优良驴种介绍 [J]. 农家科技, 2000 (6): 7-8.
[33] 侯文通, 侯宝申. 驴的养殖与肉用 [M]. 北京: 金盾出版社, 2002.
[34] 张令进, 赵建民. 驴育肥与产品加工技术 [M]. 北京: 中国农业出版社, 2005.
[35] 田家良. 马驴骡的饲养管理 [M]. 北京: 金盾出版社, 1995.
[36] 茹宝瑞, 田金如, 等. 巧养肉驴 [M]. 北京: 中国农业出版社, 2004.
[37] 张居农. 实用养驴大全 [M]. 北京: 中国农业出版社, 2008.
[38] 阿及德. 驴的产业化经营 [M]. 乌鲁木齐: 新疆美术摄影出版社, 2011.
[39] 徐明光, 尹超, 高岳峰, 等. 规模化驴场驴驹腹泻的预防及治疗 [J]. 中国动物保健, 2017 (12): 41-42.
[40] 周自动, 张居农, 赛务加甫. 肉用驴饲养 [M]. 北京: 科学技术文献出版社, 1999.
[41] 托乎提·阿及德. 驴的标准化养殖 [M]. 乌鲁木齐: 新疆美术摄影出版社, 2011.
[42] 陈宗刚, 李志和. 肉用驴饲养与繁育技术 [M]. 北京: 科学技术文献出版社, 2008.
[43] 潘兆年. 肉驴养殖实用技术 [M]. 北京: 金盾出版社, 2013.

书 目

书 名	定价	书 名	定价
高效养土鸡	29.80	高效养肉牛	39.80
高效养土鸡你问我答	29.80	高效养奶牛	22.80
果园林地生态养鸡	26.80	种草养牛	39.80
高效养蛋鸡	29.80	高效养淡水鱼	29.80
高效养优质肉鸡	19.90	高效池塘养鱼	29.80
果园林地生态养鸡与鸡病防治	20.00	鱼病快速诊断与防治技术	19.80
家庭科学养鸡与鸡病防治	35.00	鱼、泥鳅、蟹、蛙稻田综合种养一本通	29.80
优质鸡健康养殖技术	29.80	高效稻田养小龙虾	29.80
果园林地散养土鸡你问我答	19.80	高效养小龙虾	25.00
鸡病诊治你问我答	22.80	高效养小龙虾你问我答	20.00
鸡病快速诊断与防治技术	29.80	图说稻田养小龙虾关键技术	35.00
鸡病鉴别诊断图谱与安全用药	39.80	高效养泥鳅	16.80
鸡病临床诊断指南	39.80	高效养黄鳝	25.00
肉鸡疾病诊治彩色图谱	49.80	黄鳝高效养殖技术精解与实例	25.00
图说鸡病诊治	35.00	泥鳅高效养殖技术精解与实例	22.80
高效养鹅	29.80	高效养蟹	29.80
鸭鹅病快速诊断与防治技术	25.00	高效养水蛭	29.80
畜禽养殖污染防治新技术	25.00	高效养肉狗	35.00
图说高效养猪	39.80	高效养黄粉虫	29.80
高效养高产母猪	35.00	高效养蛇	29.80
高效养猪与猪病防治	29.80	高效养蜈蚣	16.80
快速养猪	35.00	高效养龟鳖	19.80
猪病快速诊断与防治技术	29.80	蝇蛆高效养殖技术精解与实例	20.00
猪病临床诊治彩色图谱	59.80	高效养蝇蛆你问我答	12.80
猪病诊治160问	25.00	高效养獭兔	25.00
猪病诊治一本通	25.00	高效养兔	35.00
猪场消毒防疫实用技术	25.00	兔病诊治原色图谱	39.80
生物发酵床养猪你问我答	25.00	高效养肉鸽	39.80
高效养猪你问我答	19.90	高效养蝎子	39.80
猪病鉴别诊断图谱与安全用药	39.80	高效养貂	26.80
猪病诊治你问我答	25.00	高效养貉	29.80
图解猪病鉴别诊断与防治	55.00	高效养豪猪	25.00
高效养羊	29.80	图说毛皮动物疾病诊治	29.80
高效养肉羊	35.00	高效养蜂	25.00
肉羊快速育肥与疾病防治	35.00	高效养中蜂	25.00
高效养肉用山羊	25.00	养蜂技术全图解	59.80
种草养羊	29.80	高效养蜂你问我答	19.90
山羊高效养殖与疾病防治	35.00	高效养山鸡	26.80
绒山羊高效养殖与疾病防治	25.00	高效养驴	29.80
羊病综合防治大全	35.00	高效养孔雀	29.80
羊病诊治你问我答	19.80	高效养鹿	35.00
羊病诊治原色图谱	35.00	高效养竹鼠	25.00
羊病临床诊治彩色图谱	59.80	青蛙养殖一本通	25.00
牛羊常见病诊治实用技术	29.80	宠物疾病鉴别诊断	49.80